Pirolisi della pannocchia di mais,

Bharati Mukhopadhyay

Pirolisi della pannocchia di mais, preparazione del biochar e studio della crescita delle piantine

ScienciaScripts

Imprint

Any brand names and product names mentioned in this book are subject to trademark, brand or patent protection and are trademarks or registered trademarks of their respective holders. The use of brand names, product names, common names, trade names, product descriptions etc. even without a particular marking in this work is in no way to be construed to mean that such names may be regarded as unrestricted in respect of trademark and brand protection legislation and could thus be used by anyone.

Cover image: www.ingimage.com

This book is a translation from the original published under ISBN 978-3-659-82745-7.

Publisher:
Sciencia Scripts
is a trademark of
Dodo Books Indian Ocean Ltd. and OmniScriptum S.R.L publishing group

120 High Road, East Finchley, London, N2 9ED, United Kingdom
Str. Armeneasca 28/1, office 1, Chisinau MD-2012, Republic of Moldova, Europe

ISBN: 978-620-8-34896-0

Copyright © Bharati Mukhopadhyay
Copyright © 2024 Dodo Books Indian Ocean Ltd. and OmniScriptum S.R.L publishing group

Pirolisi di pannocchie di mais, preparazione di bio-char e studio della crescita delle piantine mediante l'applicazione di bio-char in terreni e terreni di coltura.

CONTENUTI

CONTENUTI 2

INTRODUZIONE 3

REVISIONE DELLA LETTERATURA 9

MATERIALI 13

DISCUSSIONI 50

RIFERIMENTI 58

INTRODUZIONE

Oltre l'80% della popolazione vive nelle aree rurali e dipende da combustibili tradizionali come legna da ardere, lolla di riso, gusci di cocco essiccati, pannocchie di mais, bagassa ecc. per cucinare e riscaldarsi (Census of India 2007). La combustione di questi combustibili aumenta l'inquinamento dell'aria interna che influisce negativamente sulla salute di donne e bambini in particolare.

In un villaggio tribale l'occupazione principale è l'agricoltura. Tuttavia, donne e bambini partecipano alla raccolta di legna e all'approvvigionamento di acqua potabile. Durante la raccolta della legna da ardere, queste donne devono affrontare problemi come la sicurezza e l'efficienza del taglio della legna e del suo trasporto a casa. La combustione di legna da ardere per cucinare in un ambiente chiuso produce molte emissioni tossiche, che hanno un impatto sulla salute delle persone a loro insaputa. Nel sistema a porte chiuse, le donne tribali inalano i gas tossici e il particolato durante la cottura. Di conseguenza, le donne tribali soffrono di varie malattie come cataratta, problemi polmonari, disturbi respiratori e anemia. L'impatto complessivo dell'uso di biomassa combustibile è quindi grave.

Se invece la biomassa viene pirolizzata, i gas tossici che fuoriescono possono essere separati e successivamente assorbiti per reazione chimica invece di essere rilasciati nell'atmosfera; il residuo è carbone di legna con un alto potere calorifico e utile come fonte di combustibile. Il carbone che si ottiene come scarto del gassificatore può essere utilizzato al posto della legna da ardere. Il passaggio da un combustibile a biomassa a un combustibile a carbone di legna consente di ottenere emissioni più rispettose dell'ambiente. Il carbone di legna è considerato un tipo di combustibile campione generato dalla combustione di biomassa in una quantità molto bassa di ossigeno. Il carbone di legna è un combustibile molto interessante. Non emette nulla, genera un minimo di effluenti e brucia in modo molto efficiente liberando una buona quantità di calore. Il vantaggio principale del carbone di legna è che può essere utilizzato come combustibile pulito per bruciare in un ambiente chiuso.

Alcuni dei vantaggi dell'uso della carbonella come combustibile solido sono:

1. Il carbone può essere prodotto da prodotti forestali come legni, ramoscelli, ecc. sottoprodotti agroindustriali come la lolla di riso, gli scarti della canna da zucchero o gli scarti agricoli come la lolla di riso, le pannocchie di mais, i gusci di cocco, ecc.
2. Il carbone di legna può essere utilizzato come eccellente combustibile per uso domestico. Brucia facilmente e costantemente senza emettere fumo o odore.
3. Il carbone di legna è molto leggero e il suo trasporto è più facile e meno costoso grazie alla sua maggiore densità rispetto al legno e ad altri combustibili solidi simili.
4. Lo stoccaggio del carbone di legna è più facile grazie alle sue forme quasi regolari. Inoltre, non si degrada in caso di stoccaggio prolungato.
5. Può essere bruciato direttamente così com'è oppure può essere convertito in pellet mescolandolo con un legante economico.
6. Meno crepe e maggiore resistenza fanno sì che il carbone bruci a lungo.

Per questi vantaggi, il carbone di legna viene utilizzato in molti Paesi come combustibile domestico per cucinare e per altre esigenze di riscaldamento nelle case delle aree urbane e in attività commerciali come le industrie di lavorazione dei metalli, le fornaci per i mattoni e la produzione di gelsomino.

I fertilizzanti sono sostanze che forniscono nutrienti alle piante. Sono il mezzo più efficace per aumentare la produzione di colture e migliorare la qualità di alimenti e foraggi.

I fertilizzanti sono principalmente di 2 tipi:

1. Fertilizzante inorganico (chimico)
2. Fertilizzante organico.

Al giorno d'oggi come fertilizzanti si usano soprattutto sostanze chimiche che hanno molti svantaggi ed effetti pericolosi sull'ambiente. Possono alterare la qualità del suolo e ridurne la fertilità. Una concentrazione eccessiva di fertilizzanti sintetici può causare disidratazione e distruzione dei tessuti vegetali. L'applicazione di sostanze chimiche in eccesso può legare altri nutrienti nel terreno, rendendoli così non disponibili per le piante. Molti fertilizzanti inorganici sono solubili in acqua, per cui durante le piogge si mescolano con l'acqua dei laghetti o dei fiumi, rendendoli inquinati. Non solo è pericoloso per gli animali e le piante acquatiche, ma anche il consumo di quest'acqua inquinata può avere effetti sugli animali e sull'uomo.

D'altra parte, i fertilizzanti organici non inquinano l'ambiente. Uno dei fertilizzanti organici più promettenti è il "BIOCHARCOAL". Si tratta di un prodotto solido ricco di carbonio derivante dal riscaldamento della biomassa in condizioni di limitazione dell'ossigeno. Il biochar può essere preparato da combustibili tradizionali come legna da ardere, trucioli di legno, guscio di cocco essiccato, lolla di riso, pannocchie di mais, bagassa, ecc. mediante pirolisi. L'importanza del biochar non può essere ignorata. Aiuta a sequestrare la terra mantenendo i gas nocivi intrappolati nel suolo per anni.

Il termine Biochar è definito semplicemente come carbone di legna utilizzato per scopi agricoli. Viene creato mediante un processo di pirolisi, riscaldando la biomassa in un ambiente povero di ossigeno. Una volta avviata, la reazione di pirolisi è autosufficiente e non richiede alcun apporto energetico esterno. I sottoprodotti del processo includono syngas (H_2 + CO), piccole quantità di metano (CH_4), catrami, acidi organici e calore in eccesso. Quando il biochar viene creato dalla biomassa, circa il 50% del carbonio che le piante hanno assorbito come CO_2 dall'atmosfera viene fissato nel carbone. Come materiale, il carbonio del carbone di legna è in gran parte inerte, mostrando una relativa mancanza di reattività sia chimica che biologica, e quindi è fortemente resistente alla decomposizione. Tra le molte sostanze organiche e inorganiche che contengono atomi di carbonio, solo i diamanti potrebbero potenzialmente fornire un deposito di carbonio più permanente del carbone di legna. Pertanto, il biochar ci offre un'opportunità d'oro per rimuovere la CO_2 in eccesso dall'atmosfera e sequestrarla in modo virtualmente permanente e vantaggioso per l'ambiente. È indiscutibile che il biochar sia molto più persistente nel suolo di qualsiasi altra forma di materia organica comunemente applicata al suolo. Pertanto, tutti i benefici associati alla ritenzione dei nutrienti e alla fertilità del suolo durano a lungo.

Il biochar è una sostanza carboniosa porosa e a grana fine, creata dalla pirolisi della biomassa. Il biochar si differenzia dal carbone di legna solo per il fatto che il suo uso primario non è quello di combustibile, ma di biosequestro o stoccaggio atmosferico. Il biochar è prodotto dalla pirolisi o dalla gassificazione della biomassa (riscaldamento della biomassa con poca o nessuna aria). Una funzione primaria del biochar è quella di migliorare il suolo e aumentarne la fertilità. Inoltre, il biochar agisce come un detergente naturale, filtrando e trattenendo i nutrienti dall'acqua di percolazione nel terreno. La tecnologia è semplice, ma i risultati sono piuttosto profondi. Pirolizzando (riscaldando in assenza di ossigeno) la biomassa e mescolando il carbone risultante nel terreno, è possibile produrre: 1) energia; 2) sequestro del carbonio; 3) terreni più fertili. Inoltre, il biochar resiste alla decomposizione ordinaria nel suolo e quindi vi rimane per secoli o addirittura per millenni come pozzo di carbonio (rimuovendo il carbonio dall'atmosfera). Pertanto, il biochar genera fertilità del suolo a lungo termine e contribuisce a lungo termine alla mitigazione dei cambiamenti climatici.

Usi agricoli: Il biochar è in grado di migliorare la fertilità del suolo grazie alla sua complessa area superficiale e all'intricata struttura dei pori, ospitale per i batteri benefici del suolo che aiutano le piante ad assorbire facilmente i nutrienti dal terreno. Di conseguenza, il biochar ha la notevole capacità di agire come catalizzatore agricolo, migliorando la crescita delle piante dal 30% al 300%. Inoltre, il biochar deve essere applicato una sola volta perché non viene consumato, riducendo così in modo significativo i costi. La promozione della crescita avviene grazie al carbonio assorbente che agisce come agente a lento rilascio per i nutrienti e come ospite per i microbi del suolo. Pertanto, questo promotore della crescita può essere utilizzato per ridurre il consumo di fertilizzanti, con conseguente maggiore crescita delle piante e minori applicazioni di fertilizzanti. Il risultato finale è una maggiore produzione di cibo e un minore consumo di combustibili fossili grazie alla minore richiesta di fertilizzanti.

Un altro vantaggio per l'industria agricola è che gli scarti delle colture possono essere utilizzati come fonte di biomassa. In questo modo, l'industria potrebbe essere autosufficiente nella fornitura di biochar per promuovere la crescita delle piante e al tempo stesso favorire il cambiamento climatico. Se le prove future confermeranno le ricerche attuali, il potenziale di mercato sarà astronomico.

Il carbone di legna è un solido stabile e ricco di carbonio, quindi può essere utilizzato per bloccare il carbonio nel suolo. Il biochar è di crescente interesse a causa delle preoccupazioni per i cambiamenti climatici causati dalle emissioni di anidride carbonica (CO_2) e di altri gas a effetto serra (GHG). La cattura dell'anidride carbonica vincola anche grandi quantità di ossigeno e richiede energia per l'iniezione (come nel caso della cattura e dello stoccaggio del carbonio), mentre il processo del biochar interrompe il ciclo dell'anidride carbonica, liberando così ossigeno come avveniva nella formazione del carbone centinaia di milioni di anni fa.

Le piante sono il modo principale di assorbire l'anidride carbonica dall'atmosfera e la immagazzinano solo temporaneamente. Quando le piante muoiono e si decompongono, il carbonio viene rilasciato. Il suolo contiene circa tre volte più carbonio della vegetazione e due volte più dell'atmosfera. La maggior parte del carbonio presente nei terreni è inclusa nella materia organica del suolo (57% in peso). Tuttavia, le attività agricole, la conversione dei terreni forestali, l'erosione eolica e idrica hanno esposto la materia organica del suolo all'azione microbica, causando una perdita di materia organica attraverso la decomposizione. Le perdite di carbonio nel suolo aumentano la quantità di carbonio nell'atmosfera (causando il riscaldamento globale) e riducono la produttività del suolo. La maggior parte dei terreni agricoli ha perso 30-40 MT di carbonio/ettaro; le loro attuali riserve di carbonio organico sono molto inferiori alla capacità potenziale. La ricostituzione della riserva di carbonio del suolo (sequestro) è stata considerata un passo per contribuire alla riduzione del carbonio atmosferico.

I processi di biochar prendono i materiali vegetali di scarto e li trasformano in una forma stabile che può essere interrata in modo permanente come carbone. Il biochar viene quindi utilizzato come fonte di carbonio per creare un fertilizzante che viene reimmesso nel terreno, favorendo la crescita delle colture. Il biochar sembra essere altamente stabile nel suolo. Gli studi sulla fattibilità tecnica ed economica di questa tecnica continuano, e alcuni risultati indicano che il biochar può bloccare il carbonio nel suolo per 100 o addirittura 1000 anni. (Rapporto sullo sviluppo mondiale, 2010: Sviluppo e cambiamento climatico della Banca Mondiale)

Le origini del biochar e della tecnica di utilizzo del carbone di legna per migliorare la fertilità del suolo si rifanno a un processo iniziato migliaia di anni fa, dall'era precolombiana, nel bacino amazzonico, dove isole di terreni ricchi e fertili, chiamati terra preta (terra scura), sono state create dalle popolazioni indigene aggiungendo una miscela di ossa, letame e carbone di legna ai terreni relativamente sterili. Si ritiene che il carbone di legna sia l'ingrediente chiave di questi terreni fertili, che persistono ancora oggi. Gli scienziati che hanno analizzato alcuni terreni insolitamente fertili nel bacino amazzonico hanno scoperto che il suolo è stato alterato da antichi processi di produzione di carbone di legna. Le popolazioni indigene bruciavano biomassa umida (residui di colture e letame) a bassa temperatura, in quasi assenza di ossigeno. Il prodotto era un solido tipo carbone di legna con un contenuto di carbonio molto elevato, chiamato Bio Char. La terra scura amazzonica, o terra preta do indio, ha mistificato la scienza negli ultimi cento anni. Tre volte più ricca di azoto e fosforo e venti volte più ricca di carbonio dei terreni normali, la terra preta è l'eredità di antiche tecniche amazzoniche che rimangono un enigma, ma che si ritiene abbiano utilizzato per bloccare metà del carbonio della vegetazione bruciata in una forma stabile di biochar, invece di rilasciarne la maggior parte nell'atmosfera.

La Terra preta del Brasile rimane altamente fertile fino ad oggi, anche con poca o nessuna applicazione di fertilizzanti e questo in una regione del mondo nota per i suoi terreni altamente fertili. Questi terreni continuano a "trattenere" il carbonio e rimangono così ricchi di sostanze nutritive che sono stati scavati e venduti come terriccio sul mercato brasiliano. Gli scienziati hanno riprodotto questo processo nei moderni ambienti industriali di diversi Paesi.

La differenza tra la Terra Preta e i terreni ordinari nelle sue vicinanze è sorprendente. A differenza dei Ferralsol gialli o rossastri, la Terra Preta è nera. La Terra Preta è ricca di calcio e fosfato. Questi due elementi sono scarsi nel bacino amazzonico e la loro presenza altera in modo netto la fertilità e l'ecologia del paesaggio. Secondo Bruno Glaser, dell'Università di Bayreuth, in Germania, la differenza tra la terra preta e i terreni ordinari è immensa. Un ettaro di terra preta profondo un metro può contenere 250 tonnellate di carbonio, contro le 100 tonnellate dei terreni non migliorati provenienti da materiale parentale simile (Glaser, 2007).

Sezione trasversale del suolo a 1 metro di profondità che confronta la Terra Prêta a sinistra con il vicino Oxisol a destra, trovato nel bacino amazzonico.

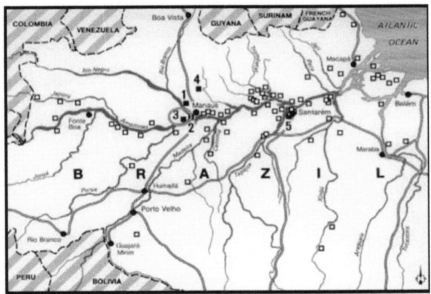

I siti Terra Prêta sono stati trovati soprattutto lungo i principali fiumi del bacino amazzonico. (Glaser, 2007).

Sembra ormai chiaro che gli antichi amazzonici crearono la terra preta e la usarono per migliorare il terreno. La datazione al radiocarbonio rivela che l'uomo ha iniziato a stendere questa terra almeno 8.000 anni fa e ha continuato a crearne altra fino all'arrivo degli europei. Per migliaia di anni ha resistito all'erosione ed è rimasta carica di carbonio nero e ricco. Questa scoperta ha portato a un'idea profonda. Lehmann e i suoi colleghi iniziarono a chiedersi se fosse possibile creare una terra preta moderna sotto forma di biochar per risolvere alcuni problemi del XXI secolo.

Grazie a Lehmann e ai suoi colleghi sostenitori del biochar, la terra preta si è trasformata da oscura chiazza di terra amazzonica a oggetto di alcuni dei maggiori dibattiti nei circoli di politica climatica. Il Dipartimento dell'Agricoltura degli Stati Uniti e altre agenzie di finanziamento stanno investendo milioni di dollari nella ricerca sul biochar. Sono nate aziende private che sperano di guadagnare sul mercato dei crediti di carbonio producendo biochar su scala industriale. I ricercatori hanno adattato questa idea e stanno testando l'aggiunta di biochar ai terreni per rimuovere i gas serra dall'atmosfera, arricchire il suolo e aumentarne la fertilità. In condizioni di produzione controllate, la pirolisi o la gassificazione della biomassa porta alla produzione di biochar, gas di sintesi (syn-gas), bio-olio e calore. La materia prima carboniosa viene convertita quasi interamente in questi quattro prodotti e, a seconda della tecnologia e del processo scelti, è possibile variare una miscela di risultati. In teoria, la produzione di biochar può rappresentare quasi il 50% della materia prima utilizzata, mentre la restante materia prima viene convertita negli altri 3 prodotti.

Le sperimentazioni sul biochar sono ancora agli inizi, ma i primi risultati sono incoraggianti. Sarà importante stabilire programmi pilota che valutino i benefici e i potenziali impatti sociali e ambientali dell'uso del biochar. I Paesi con grandi superfici degradate o con grandi scorte di biomassa di scarto potrebbero essere destinati ai programmi pilota iniziali.

REVISIONE DELLA LETTERATURA

La combustione convenzionale della biomassa in piccole applicazioni è molto limitata dalla scarsa efficienza dei gadget di conversione. La pirolisi è la tecnica principale per l'utilizzo della biomassa. Dopo la pirolisi si ottiene un liquido contenente acidi organici, oli, chiamato catrame. Il carbone di legna non emette gas tossici né particolato. Di conseguenza, i costi sanitari si riducono e le condizioni di salute migliorano, il che si riflette anche sull'indice di sviluppo umano. Il carbone di legna ha un buon potenziale come combustibile solido e può essere utilizzato al posto di altri combustibili solidi convenzionali come il carbone e il legno. (Natarajan e Rao, 1998).

I fumi dei fuochi di cucina sono responsabili di oltre 2 milioni di morti all'anno nei paesi in via di sviluppo. Ma semplicemente trasformando i loro scarti agricoli in un combustibile più pulito, potrebbe essere abbastanza semplice rendere questa terribile statistica un ricordo del passato. Il vantaggio principale del carbone di legna è che può essere utilizzato come combustibile domestico pulito per cucinare e per altre esigenze di riscaldamento nelle case a porte chiuse (Ghosh, 2004).

Tutta la materia organica aggiunta al terreno migliora significativamente diverse funzioni del suolo, non ultima la ritenzione di diversi nutrienti essenziali per la crescita delle piante. La particolarità del biochar è che è molto più efficace nel trattenere la maggior parte dei nutrienti e nel mantenerli disponibili per le piante rispetto ad altre sostanze organiche, come ad esempio la lettiera di foglie, il compost o i concimi. È interessante notare che questo vale anche per il fosforo, che non viene affatto trattenuto dalla "normale" materia organica del suolo (Lehmann, 2007).

Ricerche approfondite e prove colturali condotte con gli emendamenti al biochar hanno dimostrato che anche il biochar ha effetti benefici quando viene aggiunto al terreno e può essere mantenuto per anni. La sua struttura altamente porosa può agire come una "spugna" a lento rilascio per l'acqua e i nutrienti utili per il suolo. Il biochar può essere ricavato da quasi tutti i tipi di biomassa secca, compresi i materiali di scarto. Pertanto, la produzione di biochar potrebbe rappresentare un'enorme opportunità per una gestione delle risorse di tipo "a ciclo chiuso", con numerosi e preziosi benefici.

La struttura del biochar è in gran parte amorfa, ma contiene una struttura cristallina locale di composti aromatici altamente coniugati (Downie et al., 2009). Le particelle cristalline hanno un diametro dell'ordine dei nanometri e sono composte da strati di grafite disposti in modo turbostratico (cioè gli strati non sono allineati). Gli atomi di carbonio sono fortemente legati tra loro e ciò li rende resistenti all'attacco e alla decomposizione da parte dei microrganismi.

La pirolisi è il riscaldamento di un materiale organico, come la biomassa, in assenza di ossigeno. In assenza di ossigeno, il materiale non brucia, ma i composti chimici (cellulosa, emicellulosa e lignina) che lo compongono si decompongono termicamente in gas combustibili e carbone (Bridgwater, 2004).

La maggior parte di questi gas combustibili può essere condensata in un liquido combustibile, chiamato olio di pirolisi (bio-olio), anche se ci sono alcuni gas permanenti (CO_2, CO, H_2, idrocarburi leggeri). La pirolisi della biomassa produce quindi tre prodotti: uno liquido, il bio-olio, uno solido, il bio-char, e uno gassoso (syngas). Il termine biochar si riferisce semplicemente al carbone di legna ricavato da qualsiasi biomassa di scarto, ma in un contesto più ampio il biochar è semplicemente carbone di legna che potrebbe essere utilizzato per migliorare la qualità del suolo. Il biochar migliore si forma per pirolisi a bassa temperatura, idealmente a circa 500° C, mentre una pirolisi a temperatura più elevata produce un carbone più tradizionale. Come ammendante del suolo, il biochar crea un pool di carbonio recalcitrante del suolo che è negativo per il carbonio, fungendo da prelievo netto di anidride carbonica atmosferica immagazzinata in stock di carbonio del suolo altamente recalcitranti. Gli oli e i gas rinnovabili coprodotti nel processo di pirolisi possono essere utilizzati come combustibili o materie prime. Il biochar è quindi promettente per la sua produttività del suolo e per i benefici sul clima.

Il biochar è un carbone artificiale che può essere prodotto da qualsiasi biomassa di scarto (ad esempio, rifiuti agricoli, residui forestali) attraverso un processo chiuso, a zero emissioni di carbonio e a basso contenuto di ossigeno. La produzione e l'applicazione del biochar converte la biomassa in una forma altamente durevole e stabile che sottrae e sequestra il carbonio atmosferico (Morgan et. al. 2010).

La pirolisi (carbonizzazione) è stata proposta come una delle diverse tecnologie opzionali per lo smaltimento e il riciclaggio dei rifiuti in Giappone. I rifiuti vegetali (bagassa di canna da zucchero e lolla di riso), i rifiuti animali e i rifiuti umani (fanghi municipali trattati) sono stati pirolizzati a temperature comprese tra 250 e 800^0 C in contenitori chiusi. I materiali carbonizzati sono stati valutati per le proprietà fisiche specifiche (resa, area superficiale, densità) e per le proprietà chimiche specifiche (carbonio totale, azoto totale, pH, carbonio fisso, contenuto di ceneri, volatilità) al fine di confrontare le differenze nelle proprietà tra i quattro prodotti di scarto. I risultati indicano che il materiale di partenza ha avuto una notevole influenza sulle proprietà fisiche e chimiche dei prodotti carbonizzati (Shinogi, 2003).

Gli emendamenti al carbone del suolo mantengono la fertilità del suolo e trasferiscono il carbonio dall'atmosfera nei bacini di materia organica del suolo (SOM), che possono migliorare e mantenere la produttività di un terreno fertile e altamente esposto agli agenti atmosferici. La pratica agricola di tagliare e carbonizzare produce carbone di legna, invece di convertirlo in anidride carbonica attraverso la combustione. L'uso di slash e char char in alternativa alla bruciatura di slash e char in tutti i tropici potrebbe servire come un significativo serbatoio di carbonio e potrebbe essere un passo importante (Steiner, 2007).

Gli scienziati che hanno studiato un terreno insolitamente fertile nel bacino amazzonico hanno scoperto che il suolo è stato alterato da antichi processi di produzione di carbone. Le popolazioni indigene bruciavano biomassa umida (residui di colture e letame) a bassa temperatura, in quasi assenza di ossigeno. Il prodotto era un solido di tipo carbone di legna con un contenuto di carbonio molto elevato, chiamato Bio Char. Gli scienziati hanno riprodotto questo processo in ambienti industriali moderni in diversi Paesi. Il Bio Char sembra essere altamente stabile nel suolo. Gli studi sulla fattibilità tecnica ed economica della tecnica proseguono, e alcuni risultati indicano che il Bio Char può bloccare il carbonio nel suolo per 100 o addirittura 1000 anni (World Development Report, 2010).

Le sperimentazioni sul biochar sono ancora agli inizi, ma i primi risultati sono incoraggianti. Sarà importante stabilire programmi pilota che valutino i benefici e i potenziali impatti sociali e ambientali dell'uso del biochar. I Paesi con grandi superfici degradate o con grandi scorte di biomassa di scarto potrebbero essere destinati ai programmi pilota iniziali. Il biochar potrebbe essere una risposta interessante per affrontare questioni come l'alimentazione e l'energia, riducendo allo stesso tempo le emissioni di carbonio. (Lal et. al. 2009).

Il biochar è stato aggiunto ai suoli dei campi agricoli coltivati a mais. I risultati hanno mostrato un raddoppio della resa da circa 3 a circa 6 tonnellate/ha di mais. I risultati suggeriscono effetti legati a una migliore disponibilità di acqua, alla penetrabilità del suolo o alle dinamiche microbiche (Kimetu et. al, 2008).

Il biochar ha una superficie e delle dimensioni dei pori adatte a fornire un rifugio per i funghi micorrizici arbuscoli. Questi funghi formano un'associazione simbiotica con le radici delle piante, estendendo di fatto le radici e consentendo l'assorbimento di ulteriori nutrienti vegetali. In cambio, la pianta fornisce l'energia organica di cui i funghi hanno bisogno. Inoltre, il carbone nero può aumentare la capacità di scambio cationico e altre proprietà geochimiche del suolo. (Katerina et. al. 1990).

Il carbone attivo ha una rete finissima di pori con un'ampia superficie interna su cui possono essere assorbite molte sostanze. Il carbone attivo viene spesso utilizzato nella coltura dei tessuti per migliorare la crescita e lo sviluppo delle cellule. Svolge un ruolo fondamentale nella micropopagazione, nella coltura di protoplasti, nella radicazione, nell'allungamento degli steli, nella formazione di bulbi ecc. Gli effetti promozionali del carbone attivo sulla morfogenesi possono essere dovuti principalmente al suo adsorbimento irreversibile di composti inibitori nel terreno di coltura e alla sostanziale riduzione dei metaboliti tossici, dell'essudazione fenolica e dell'accumulo di essudati bruni. Inoltre, il carbone attivo è coinvolto in una serie di attività stimolatorie e inibitorie, tra cui il rilascio di sostanze naturalmente presenti nel carbone attivo che promuovono la crescita, l'alterazione e l'imbrunimento dei terreni di coltura e l'adsorbimento di vitamine, ioni metallici e regolatori della crescita delle piante, tra cui l'acido abscissico e l'etilene gassoso. L'effetto del carbone attivo sull'assorbimento dei regolatori di crescita non è ancora chiaro, ma alcuni ricercatori ritengono che possa rilasciare gradualmente alcuni prodotti adsorbiti, come nutrienti e regolatori di crescita, che diventano disponibili per le piante (Thomas, 2008).

Il carbone nero derivato dalla biomassa, il carbone di legna o "biochar", come viene chiamato oggi, può essere utilizzato come ammendante del suolo per migliorare la ritenzione e la disponibilità dei nutrienti e quindi aumentare la resa delle colture. L'uso del biochar rappresenta un progresso significativo rispetto alla gestione convenzionale della materia organica, in quanto il biochar è più stabile nel suolo e riesce a trattenere meglio i nutrienti. In combinazione con la produzione sostenibile di biomassa, il sequestro di biochar può essere negativo per il carbonio e quindi utilizzato per rimuovere attivamente l'anidride carbonica dall'atmosfera, con un evidente significato per la mitigazione del cambiamento climatico. La produzione di biochar può anche essere combinata con la produzione di bioenergia attraverso l'utilizzo dei gas sprigionati nel processo di pirolisi. (Lehmann et al. 2009).

Il biochar è di crescente interesse a causa delle preoccupazioni per i cambiamenti climatici causati dalle emissioni di anidride carbonica (CO_2) e altri gas serra (GHG). La cattura dell'anidride carbonica vincola anche grandi quantità di ossigeno e richiede energia per l'iniezione (come nel caso della cattura e dello stoccaggio del carbonio), mentre il processo del biochar interrompe il ciclo dell'anidride carbonica, liberando ossigeno come avveniva nella formazione del carbone centinaia di milioni di anni fa. In questo modo l'atmosfera verrebbe riequilibrata più rapidamente. (Miller et al. 2009).

Il biochar è un carbone di legna a grana fine utilizzato come integratore del suolo. La produzione di carbone di legna è una tecnologia antica. Secondo recenti scoperte, potrebbe avere un ruolo sorprendente nella lotta al riscaldamento globale. Infatti, la creazione e l'interramento del biochar rimuove l'anidride carbonica dall'atmosfera. Inoltre, l'aggiunta di biochar al suolo può aumentare la resa delle colture alimentari e la capacità del suolo di trattenere l'umidità, riducendo la necessità di fertilizzanti sintetici e la richiesta di scarse riserve di acqua dolce (Bruges, 2010).

L'applicazione di biochar al suolo può migliorare la fertilità del terreno. Esistono diversi meccanismi attraverso i quali l'applicazione di biochar può migliorare la qualità del suolo: (1) aumento della capacità di scambio cationico del suolo, (2) diminuzione delle perdite di nutrienti per lisciviazione, ruscellamento e volatilizzazione, (3) aumento dell'attività microbica del suolo che ne accentua la resilienza, (4) aumento della struttura del suolo e della capacità di ritenzione idrica, (5) aumento della capacità tampone contro l'acidificazione del suolo, (6) riduzione delle emissioni di CH_4 e N_2O (Fowles, 2007).

Il protossido di azoto è un potente gas serra e un precursore di composti che contribuiscono alla distruzione dell'ozono. Il biochar è potenzialmente un'opzione di mitigazione per ridurre le elevate emissioni mondiali di anidride carbonica, poiché il carbonio incorporato può essere sequestrato nel suolo. Il biochar ha anche il potenziale di alterare beneficamente le trasformazioni dell'azoto nel suolo. Test di laboratorio hanno indicato che l'aggiunta di biochar al suolo potrebbe essere utilizzata per sopprimere il protossido di azoto derivato dal bestiame. Il biochar è stato utilizzato allo stesso modo per il sequestro del carbonio nel suolo (Science Daily, 28 marzo 2011).

In uno studio finanziato dalla Foundation for Research Science and Technology, gli scienziati dell'Università di Lincoln, in Nuova Zelanda, hanno condotto un esperimento per un periodo di primavera/estate di 86 giorni per determinare l'effetto dell'incorporazione di biochar nel terreno sulle emissioni di protossido di azoto dalle chiazze di urina prodotte dai bovini. Il biochar è stato aggiunto al terreno durante la ristrutturazione del pascolo e sono stati prelevati campioni di gas in 33 diverse occasioni (Arezoo et. al, 2011).

Il biochar è stato aggiunto ai suoli dei campi agricoli coltivati a mais. I risultati hanno mostrato un raddoppio della resa da circa 3 a circa 6 tonnellate/ha di mais. I risultati suggeriscono effetti legati a una migliore disponibilità di acqua, alla penetrabilità del suolo o alle dinamiche microbiche (Kimetu et. al, 2008).

Il carbone attivo ha acidificato una soluzione acquosa di saccarosio (5%) e i terreni di coltura di circa 1 o 2 unità (saccarosio o fruttosio) dopo l'autoclave. L'idrolisi del saccarosio nei terreni di coltura e/o nelle soluzioni acquose di saccarosio (5%) contenenti carbone attivo (tamponato a pH 5,8) dipendeva sia dalla concentrazione di ioni idrogeno (pH) che dalla sterilizzazione in autoclave. I terreni liquidi Murashige e Skoog (MS) e Gamborg B5 (B5) in presenza di carbone attivo all'1%, aggiunto prima dell'autoclave, provocano una riduzione dell'idrolisi del saccarosio di circa il 70%. In assenza di carbone attivo, l'autoclave ha provocato l'idrolisi di circa il 20% del saccarosio. (Pan et. al, 2002)

È stato dimostrato che l'incorporazione di carbone attivo nei terreni di coltura influisce sulla crescita e sullo sviluppo di vari organismi. Poiché il carbone attivo stimola lo sviluppo di piantine aploidi di tabacco da antere coltivate, è stata condotta una ricerca per determinare l'effetto del carbone attivo sulla crescita del callo derivato dal midollo e sullo sviluppo del germoglio in *Nicotiana tabacum cv. Wisconsin* 38. I risultati indicano che gli ormoni necessari per la crescita del callo e lo sviluppo del germoglio nel tabacco *Wisconsin-38 sono assorbiti dagli ormoni*. I risultati indicano che gli ormoni necessari per la crescita del callo e lo sviluppo del germoglio nel tabacco Wisconsin-38 vengono assorbiti dal carbone attivo, inibendo così la crescita del callo e vietando lo sviluppo del germoglio. (Constantin et. al, 1993)

Con queste informazioni di base, il presente lavoro è stato intrapreso per studiare l'effetto del biochar sulla crescita delle piante e per studiare alcuni parametri fisiologici e biochimici. Le pannocchie di mais sono state prese come biomassa sottoposta a pirolisi e il biochar ottenuto è stato utilizzato come ammendante del suolo e come nutriente aggiuntivo per i terreni di base.

MATERIALI

Mais (*Zea mays* L.), noto come mais, è la coltura più importante al mondo dopo il grano e il riso. Nell'ultimo decennio ha continuato a essere la coltura principale in termini di produzione e di superficie coltivata. Essendo una pianta C4, il mais è una coltura molto più efficiente dal punto di vista idrico rispetto alle piante C3, come il grano, la risaia, erba medica e soia.

Le spighe sono femminili infiorescenze femminili, sono strettamente coperte da diversi strati di foglie e da queste chiuse al fusto, tanto da non mostrarsi facilmente fino all'emergere delle sete giallo pallido dal verticillo di foglie all'estremità della spiga. Le sete sono stigmi allungati che assomigliano a ciuffi di capelli, prima verdi e poi rossi o gialli. Le spighe giovani possono essere consumate crude, con le pannocchia ma con la maturazione della pianta (di solito durante i mesi estivi) la pannocchia diventa più dura e la seta si secca fino a diventare immangiabile. Alla fine della stagione di crescita, i chicchi si seccano e diventano difficili da masticare senza cuocerli.

La pannocchia è il nucleo centrale di una spiga di mais (*Zea mays* sp.). È la parte della spiga su cui crescono i chicchi. La pannocchia non è esposta fino a quando non vengono rimossi i calli intorno alla spiga. Le spighe giovani, chiamate anche mais baby, possono essere consumate crude, ma con la maturazione della pianta la pannocchia diventa più dura fino a quando solo i chicchi sono commestibili.

Quando si raccoglie il mais, la pannocchia può essere raccolta come parte della spiga o può essere lasciata come parte delle stoppie di mais nel campo. Come sottoprodotto principale, la pannocchia di mais è stata generata in abbondanza (circa l'820% del residuo di mais) con una produzione annuale di oltre 10 milioni di tonnellate nel solo Bengala occidentale. La maggior parte viene scaricata arbitrariamente nei campi, smaltita in discarica, riutilizzata come combustibile per la cucina domestica.

IMPORTANZA DEL MAIS

- I popcorn sono chicchi di alcune varietà che esplodono quando vengono riscaldati, formando pezzi soffici che vengono consumati come snack.
- La chicha e la "chicha morada" sono bevande prodotte solitamente con particolari tipi di mais.
- I corn flakes sono un cereale da colazione comune in tutto il mondo.
- Il mais è una delle principali fonti di amido. L'amido di mais (farina di mais) è uno dei principali ingredienti della cucina casalinga e di molti prodotti alimentari industriali.
- Il mais è anche una delle principali fonti di olio da cucina (olio di mais).
- Negli Stati Uniti e in Canada il mais è ampiamente coltivato anche per l'alimentazione del bestiame, sotto forma di foraggio, insilato (ottenuto dalla fermentazione di stocchi verdi tritati) o cereali.
- L'amido di mais può anche essere trasformato in plastica, tessuti, adesivi e molti altri prodotti chimici.
- Gli stimmi dei fiori femminili del mais, conosciuti popolarmente come seta di mais, sono utilizzati come integratori erboristici.
- Il mais è ampiamente utilizzato in Germania come materia prima per gli impianti di biogas. Qui il mais viene raccolto, sminuzzato e poi messo in fascere per l'insilamento da cui viene alimentato negli impianti di biogas.
- Le pannocchie sono un'importante fonte di furfurolo, un'aldeide aromatica utilizzata in un'ampia gamma di processi industriali. Pur avendo uno scarso valore nutritivo, le pannocchie possono essere utilizzate come fibra nel foraggio dei ruminanti.
- Da molti anni le pannocchie di mais di scarto agricolo vengono utilizzate per la preparazione del biochar

(carbone da biomassa).
- Le pannocchie di mais sono utilizzate anche come fonte di combustibile da biomassa.

Molte forme di mais sono utilizzate per l'alimentazione, talvolta classificate come varie sottospecie

Mais da farina - *Zea mays var. amylacea*

Popcorn - *Zea mays var. everta*

Mais Dent - *Zea mays var. indentata*

Mais selce - *Zea mays var. indurata*

Mais dolce - *Zea mays var. saccharata* e *Zea mays var. rugosa*

Mais ceroso - *Zea mays var. ceratina*

Un campo coltivato di calli in crescita

                Giovani calli   Calli maturi

ESPERIMENTI E RISULTATI
Gli esperimenti vengono eseguiti nelle seguenti parti:
PARTE 1
Pirolisi delle materie prime raccolte (pannocchie di mais essiccate)
Dati raccolti in termini di:
A.   Peso e volume dell'olio pirolitico (catrame)
B.   Peso del carbone di legna
C.   Contenuto di umidità delle materie prime della pannocchia di mais
PARTE-2
Analisi prossimale della pannocchia di mais
Dati raccolti in termini di:
A.   Determinazione della percentuale di umidità
B.   Determinazione della percentuale di materia volatile
C.   Determinazione della percentuale di contenuto di ceneri
D.   Determinazione della percentuale di carbonio fisso
PARTE 3
Studio dei parametri morfo-fisiologici di piantine trattate con carbone di pannocchie di mais (carbone di pannocchie di mais ottenuto dopo pirolisi) coltivate in suolo.

I dati sono stati raccolti in due intervalli di 7 giorni e 15 giorni in termini di:

A.   Percentuale di germinazione

B.   Peso fresco e peso secco

C.   Studio morfologico

I.   Lunghezza del tiro

II.   Lunghezza della radice

III.   Lunghezza delle foglie

IV.   Radici No

Studio dei parametri biochimici di piantine trattate con carbone di pannocchie di mais (carbone di pannocchie di mais ottenuto dopo la pirolisi) coltivate nel suolo.

I dati sono stati raccolti in termini di:

A. Stima delle proteine totali
B. Stima dello zucchero totale
C. Stima del DNA totale
D. Stima della clorofilla totale

PARTE 5
Studio dei parametri morfo-fisiologici di piantine trattate con Biochar (carbone di pannocchie di mais ottenuto dopo pirolisi) coltivate in terreno basale.

I dati sono stati raccolti in due intervalli di 7 giorni e 15 giorni in termini di:

A. Percentuale di germinazione
B. Peso fresco e peso secco
C. Studio morfologico
I. Lunghezza del tiro
II. Lunghezza della radice
III. Lunghezza delle foglie
IV. Radici No

PARTE 6
Studio dei parametri biochimici di piantine trattate con biochar (carbone di pannocchie di mais ottenuto dopo pirolisi) coltivate in terreno basale.

I dati sono stati raccolti in termini di:

A. Stima delle proteine totali
B. Stima dello zucchero totale
C. Stima del DNA totale
D. Stima della clorofilla totale

PIROLISI DELLE MATERIE PRIME

La pirolisi è una tecnologia di conversione termochimica utilizzata per produrre energia dalla biomassa. Il termine pirolisi è coniato dagli elementi di derivazione greca "pyro" significa fuoco e "lysis" significa decomposizione. Questo processo prevede il riscaldamento di materiali organici in assenza di reagenti, soprattutto ossigeno, per ottenere la decomposizione. La fase finale della pirolisi lascia solo carbonio come residuo ed è chiamata carbonizzazione.

La pirolisi della biomassa è una tecnologia energetica molto antica che sta diventando nuovamente interessante tra i vari sistemi di utilizzo della biomassa per la generazione di prodotti energetici. La pirolisi della biomassa genera tre diversi prodotti energetici: catrame (olio di pirolisi), carbone (carbone) e frazioni gassose (gas combustibili) in quantità diverse.

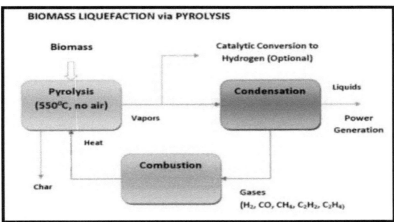

Per comodità, esistono due approcci per la tecnologia di conversione. Uno, chiamato pirolisi convenzionale o tradizionale, mira a massimizzare la resa di gas combustibile alle condizioni preferite di alta temperatura, bassa velocità di riscaldamento e lungo tempo di permanenza del gas. Un altro, chiamato pirolisi flash o veloce, consiste nel massimizzare la resa di prodotti liquidi alle condizioni di lavorazione.

Vantaggi della pirolisi

a)   Migliorare la tessitura e l'ecologia del suolo

La pirolisi è generalmente una tecnologia semplice e a basso costo, in grado di trattare un'ampia varietà di materie prime producendo gas, bio-olio e carbone. Il carbone di legna viene incorporato nel terreno per promuoverne la fertilità e i livelli di materia organica. I pori fini presenti nel carbone di legna forniscono una superficie dei pori molto più ampia, chiamata carbone attivo, che viene utilizzata come adsorbente per un'ampia gamma di sostanze chimiche. Inoltre, il carbone biologico migliora la struttura e l'ecologia del terreno, aumentando la sua capacità di trattenere i fertilizzanti e di rilasciarli lentamente. Contiene naturalmente molti dei micronutrienti necessari alle piante, come il selenio. È anche più sicuro di altri fertilizzanti naturali come il letame o le acque reflue, poiché è stato disinfettato ad alta temperatura e poiché rilascia i suoi nutrienti lentamente, riduce notevolmente il rischio di contaminazione delle falde acquifere.

b)   Arrostire, cuocere, tostare, grigliare gli alimenti

La pirolisi si verifica ogni volta che gli alimenti sono esposti a temperature sufficientemente elevate in un ambiente secco, come nel caso di arrosti, cotture al forno, tostature, grigliate, ecc. È il processo chimico responsabile della formazione della crosta dorata negli alimenti preparati con questi metodi. La pirolisi controllata degli zuccheri a partire da 170 gradi Celsius produce il caramello, un prodotto marrone solubile in acqua ampiamente utilizzato in pasticceria e in altri prodotti alimentari industrializzati.

c)   Miglioramento della produzione di orzo, tè, caffè e frutta secca tostata

La pirolisi svolge un ruolo essenziale anche nella produzione di orzo, tè, caffè e frutta secca tostata come arachidi e mandorle. Poiché si tratta per lo più di materiali secchi, il processo di pirolisi non si limita agli strati più esterni, ma si estende a tutti i materiali. In tutti questi casi, la pirolisi crea o rilascia molte delle sostanze che contribuiscono al sapore e al colore dei prodotti finali.

Pirolisi delle materie prime

Le pannocchie e le stoppie di mais rimaste nei campi vengono solitamente raccolte dalle popolazioni rurali povere e utilizzate come combustibile dopo essere state essiccate al sole. A scopo sperimentale, sono stati acquistati dei chicchi di mais freschi e sani dal mercato locale. Dopo aver rimosso i chicchi di mais, è stata prelevata la parte centrale, cioè la pannocchia. Le impurità (pece) vengono eliminate sciacquando le pannocchie con acqua distillata. Le pannocchie vengono fatte asciugare all'aria per eliminare il contenuto di umidità e vengono tagliate in piccoli pezzi con un coltello ed essiccate al sole.

Le materie prime essiccate al sole sono state infine essiccate in un forno ad aria calda prima della pirolisi. All'inizio è stato preso il peso secco della pannocchia di mais ed è stata introdotta con cura nella camera di pirolisi. La temperatura è stata mantenuta tra i 400-500 gradi Celsius per circa un'ora e mezza. Poi è stata spenta. L'olio pirolitico (catrame) e il carbone di legna (bio-char) sono stati ottenuti quando la temperatura è tornata normale.

Dopo il raffreddamento, sono stati rilevati il peso dell'olio pirolitico (catrame), il peso del carbone di legna, la perdita di peso per pirolisi (contenuto di umidità) e il volume del catrame ottenuto dopo la pirolisi.

Il bio-char essiccato e polverizzato è stato conservato in un essiccatore fino al momento dell'uso.

Tagliare il mais dalla pannocchia

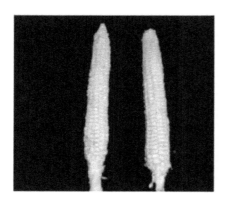 

Pannocchia (nucleo centrale di una spiga di mais) Essiccazione di pezzi di pannocchie di mais

La camera pirolitica

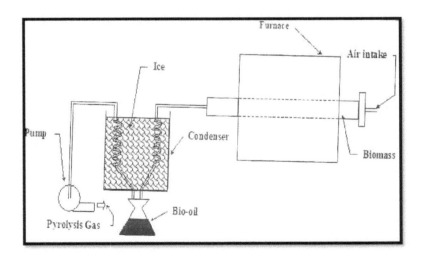

Schema della camera pirolitica

Carbone, ottenuto dopo la pirolisi della pannocchia di mais

Catrame (bio-olio) ottenuto dalla pirolisi della pannocchia di mais

RISULTATO

Materiali studiati	Peso secco (preso per la pirolisi) g^0	Vol. del catrame (ml)	Peso di il catrame (g)	Peso di Carbone (g)	Contenuto di umidità (g)
Pannocchia di mais	150.40	68	73.05	20.04	130.00

ANALISI PROSSIMALE DELLA PANNOCCHIA DI MAIS

L'analisi prossimale è un metodo di laboratorio comunemente utilizzato per la caratterizzazione dei combustibili da biomassa. Per questo studio, i materiali sono stati separati dalle impurità fisiche, tagliati in piccoli pezzi ed essiccati artificialmente. Le variabili studiate comprendono il contenuto di umidità, la materia volatile, il contenuto di ceneri e il carbonio residuo. L'analisi viene effettuata riscaldando il campione in un forno a muffola a una temperatura specifica. I dati raccolti possono variare a seconda della procedura adottata, per cui si parla di analisi prossimale.

Determinazione della percentuale di umidità

Il contenuto di umidità nei materiali di cui sopra viene determinato in laboratorio. Una quantità nota del campione viene prelevata in un crogiolo e riscaldata a circa 105^0 C in un forno a muffola. Il processo viene continuato finché il peso del campione non diventa costante. La perdita di peso del campione viene riportata come umidità su base percentuale.

$$\% \text{ di umidità} = \frac{\text{Perdita di peso nel campione}}{\text{Peso del campione prelevato}} \times 100$$

Determinazione della percentuale di materia volatile

La materia volatile è la perdita in peso dell'umidità del campione quando viene riscaldata in un crogiolo in un forno a muffola a circa 500^0 C per un'ora.

$$\% \text{ della cenere} = \frac{\text{Peso della cenere formata}}{\text{Peso della biomassa secca prelevata}} \times 100$$

Determinazione della percentuale di carbonio fisso

Dopo aver determinato il contenuto di umidità, sostanze volatili e ceneri, il materiale rimanente è noto come carbonio fisso. Maggiore è la percentuale di carbonio fisso, maggiore è il potere calorifico, minore è la percentuale di materia volatile e migliore è la qualità del combustibile. Si determina con la formula riportata di seguito:

$$\% \text{ di carbonio} = 100 - \% \text{ di (umidità + sostanze volatili + ceneri)}$$

RISULTATO DELL'ANALISI PROSSIMALE DELLA PANNOCCHIA DI MAIS

CoBStitueuts	% in peso
Umidità	3.33
Materia volatile	6.66
Asli	1.30
Materia fissa Carbonio	88.71
Totale	IOO

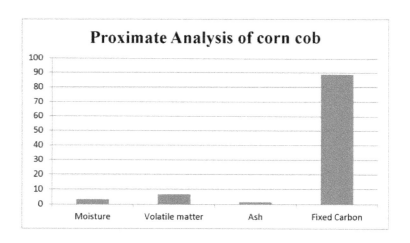

STUDIO DEI PARAMETRI FISIOLOGICI DI PIANTINE TRATTATE CON BIOCHAR (CARBONE DI PANNOCCHIE DI MAIS OTTENUTO DOPO PIROLISI) COLTIVATE IN SUOLO

I semi di *Brassica sp.* e *Trigonella sp.* sono stati selezionati come materiale vegetale per studiare alcuni cambiamenti morfologici e fisiologici indotti dall'applicazione dell'1% di carbone nel terreno (p/p).

Per studiare l'impatto del bio-char sulle piantine di piante superiori, i semi di senape (*Brassica nigra* L. Koch) e methi (*Trigonella sp.* L. Wilczek) sono stati raccolti da vivai locali e lavati accuratamente in acqua. I semi sono stati sterilizzati in superficie con una soluzione di $HgCl_2$ allo 0,5% (w/v) per un minuto e poi lavati accuratamente con acqua distillata per 5-6 volte. I semi sono stati immersi in acqua distillata per circa 2-3 ore.

PREPARAZIONE DEL TERRENO

100 g di terra di giardino sono stati pesati e poi 1 g di carbone secco (1% di peso secco), ottenuto dopo la pirolisi del materiale vegetale, è stato mescolato accuratamente con questa terra.

Sono stati mantenuti set di controllo (senza aggiunta di biochar) che servivano da controllo. Sono state mantenute due repliche di ogni set. 20 semi di ogni tipo (*Brassica sp.* e *Trigonella sp.*) sono stati posti su ogni vaso contenente terriccio (con o senza aggiunta di biochar) e i vasi sono stati posti in condizioni normali.

L'acqua è stata versata a intervalli regolari fino a quando i semi non hanno mostrato la comparsa della radichetta. I dati sono stati registrati dopo 3 giorni per studiare la percentuale di germinazione dei semi e in 2 stadi di sviluppo di piantine di 7 e 15 giorni.

STUDIO DELLE ATTIVITÀ MORFO-FISIOLOGICHE DEL BIOCHAR

A. **Studio della percentuale di germinazione dei semi utilizzando il biocarbone nel terreno**

Dopo 3 giorni dalla semina, il numero di semi germinati in ogni tipo di vaso (*Brassica sp.* e *Trigonella sp.*) è stato contato sia nei set di controllo che in quelli trattati con biocarbone.

L'esperimento viene ripetuto tre volte per ottenere la percentuale di germinazione dei semi nei rispettivi set.

B. **Studio della crescita delle piantine utilizzando il biocarbone nel suolo**

La crescita delle piantine è stata misurata in due fasi di sviluppo, a 7 e 15 giorni di età. La lunghezza delle piantine è stata misurata con l'aiuto di una scala centimetrica dopo l'estirpazione dal vaso.

I dati per la misurazione sono stati presi da dieci diverse piantine selezionate a caso dallo stesso set di esperimenti.

I dati di crescita in termini di lunghezza dei germogli, delle radici e delle foglie. È stato registrato anche il numero di radichette.

C. **Studio del peso fresco e secco dell'intera piantina utilizzando biochar nel terreno**

Il peso fresco delle piantine di 7 e 15 giorni è stato misurato dopo averle sradicate con una bilancia digitale. I corrispondenti pesi secchi di queste piantine sono stati misurati dopo averle essiccate per 3 giorni in un incubatore.

I dati sono stati raccolti da 10 piantine diverse alla volta, selezionate in modo casuale da ogni serie.

RISULTATI
A. Percentuale di germinazione dei semi

Impianto materiale	Set	Numero di semi seminato	Numero di semi germinati	% di semi germinati
Brassica sp.	Controllo (senza char)	15	12	80.0
	Sperimentale (con 1% di carbone)	15	13	86.0
Trigonella sp.	Controllo (senza char)	15	10	66.6
	Sperimentale (con 1% di carbone)	15	12	80

(I dati registrati mostrano la media di tre serie per lo stesso esperimento)

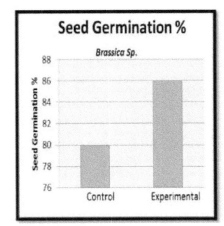

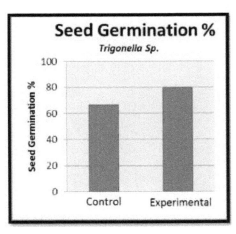

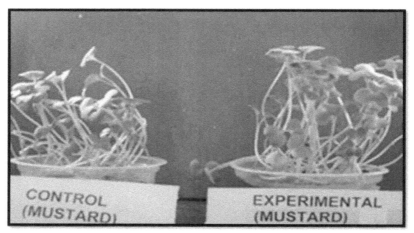

<u>Piantine di 15 giorni di Senape (*Brassica sp*)</u>
Sinistra: Controllo (senza applicazione di bio-car)
A destra : Sperimentale (con applicazione di 1% di bio-char nel terreno

<u>Piantine di 15 giorni di Methi (*Trigonella sp*)</u>
Sinistra: Controllo (senza applicazione di bio-car)
A destra: sperimentale (con applicazione di 1% di biocarbone nel terreno)

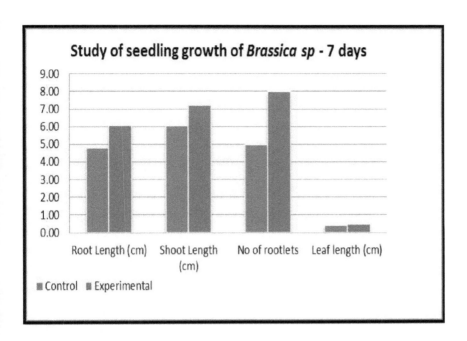

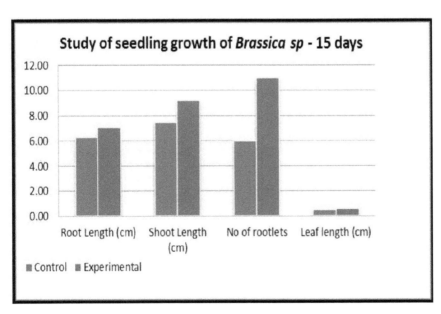

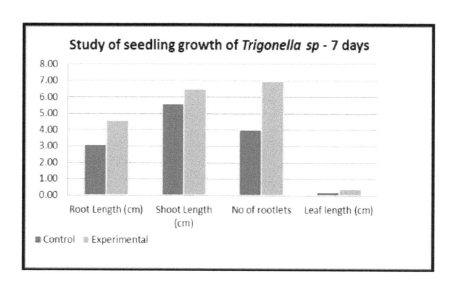

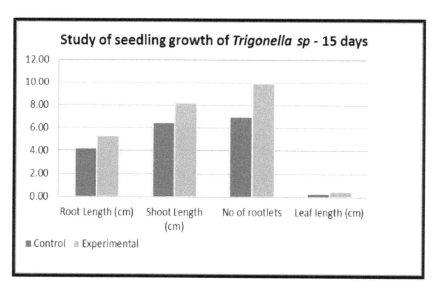

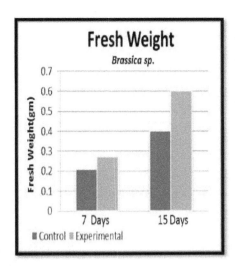

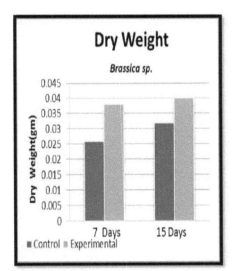
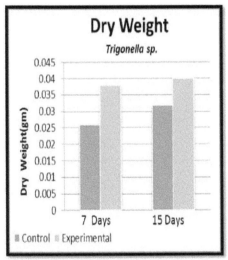

Conclusione della Parte 3

La crescita delle piantine è aumentata progressivamente con l'avanzare della maturità sia nei set di controllo che in quelli trattati con biocarbone. Dopo 7 giorni di crescita, l'applicazione dell'1% di biocarbone ha aumentato l'altezza delle piantine di circa il 19,3% rispetto al controllo in *Brassica sp* e di circa il 16% rispetto al controllo in *Trigonella* sp. Dopo 15 giorni lo stesso è aumentato di circa il 22,66% rispetto al controllo in *Brassica sp* e di circa il 26% rispetto al controllo in *Trigonella sp*.Insieme all'aumento della lunghezza dei germogli, l'applicazione di biochar aumenta anche la lunghezza delle radici, la lunghezza delle foglie e il numero di radichette sia in Brassica sp. che in *Trigonella* sp. e sono rispettivamente del 27,08%, 25% e 60% rispetto al controllo nel caso di Brassica sp, dopo 7 giorni di crescita. Nel caso di *Trigonella* sp. l'incremento è rispettivamente del 48,38%, 50% e 60%.

La lunghezza dei germogli, la lunghezza delle radici, la lunghezza delle foglie e il numero di radichette sono aumentati rispetto al controllo dopo 15 giorni nel caso di Brassica sp. rispettivamente del 22,66%, 12,69%, 20% e 83,33% e nel caso di Trigonella sp. rispettivamente del 26,15%, 26,19%, 66,66% e 42,85%.

Oltre all'aumento della crescita, il bio-char ha determinato anche un incremento del peso fresco e secco di entrambe le piantine. In *Brassica sp.*, dopo 7 giorni l'aumento del peso fresco è stato del 28,57% e del peso secco del 30,76% rispetto al controllo. In *Trigonella sp.*, dopo 7 giorni di crescita, l'aumento del peso fresco è stato del 13,5% e quello secco del 50% rispetto al controllo. Dopo 15 giorni si è registrato un aumento del peso fresco del 50% e del peso secco del 29,16% rispetto al controllo. In *Trigonella sp.*, dopo 7 giorni di crescita, si è registrato un aumento del peso fresco del 45,23% e del peso secco del 34,61% rispetto al controllo.

L'aumento del peso secco delle piantine trattate rispetto a quelle di controllo indica una maggiore produzione di prodotti fotosintetici nelle piantine trattate con biochar rispetto a quelle di controllo.

PARTE 4
STUDIO DI ALCUNI PARAMETRI BIOCHIMICI DI PIANTINE TRATTATE CON BIOCHAR (CARBONE DI PANNOCCHIE DI MAIS OTTENUTO DOPO PIROLISI) COLTIVATE IN SUOLO

I parametri biochimici sono stati studiati in termini di stima del contenuto di proteine totali, zuccheri totali, clorofilla totale e DNA totale nelle piantine di *Brassica* e *Trigonella* nei due stadi di sviluppo.

a.   STIMA DELLE PROTEINE TOTALI

La stima delle proteine totali solubili in tampone è stata effettuata secondo il metodo di Lowry (1951).

Prodotti chimici preparati

Soluzione madre di BSA - (100ug/ml) in 0,1(N) NaOH

Lowry A - 2% di Na_2CO_3 anidro in 100ml di NaOH 0,1(N)

Lowry B- 1% $CuSO_4,5H_2O$

Lowry C- 2% Tartarato di sodio e potassio

Reagente Lowry - Lowry A, B, C vengono miscelati in rapporto 98:1:1 (v: v: v) prima dell'uso.

Reagente Folin Ciacalteau - (diluito a metà con acqua distillata prima dell'uso).

Tampone fosfato (0,1M), pH 6,8.

Preparazione della curva standard

1) In una provetta sono stati prelevati 0,5 ml, 1 ml, 1,5 ml, 2 ml, 2,5 ml di soluzioni proteiche standard e sono state preparate due repliche di ciascuna concentrazione.

2) Il volume della miscela è stato portato a 3 ml aggiungendo rispettivamente 2,5 ml, 2 ml, 1,5 ml, 1 ml, 0,5 ml di acqua distillata.

3) Un set di bianco è stato preparato con 3 ml di acqua distillata e BSA.

4) Alla soluzione di cui sopra sono stati aggiunti 2 ml di reattivo di Lowry (A: B: C=98:1:1) e incubati per 10 minuti.

5) A tutti i set sono stati aggiunti 0,2 ml di Reagente di Folin Ciacalteau (1:1diluito) e incubati per 20 minuti al buio a temperatura ambiente.

6) L'intensità del colore blu sviluppato è stata misurata con un filtro rosso (640nm) in un colorimetro.

7) I rispettivi valori di densità ottica (OD) sono stati registrati per ottenere una curva standard.

Preparazione della miscela di reazione:

8) 1 g di tessuto fresco di piantine *di Brassica* e *Trigonella* (di 7 e 15 giorni) sono stati conservati per una notte a -20° C.

9) È stato poi frantumato in un mortaio e pestello raffreddati utilizzando un tampone fosfato 0,1 M (pH 6,8).

10) L'omogenato è stato raccolto e centrifugato a freddo a 8000 giri al minuto per 15 minuti.

11) Il surnatante chiaro è stato raccolto e il contenuto di proteine totali è stato misurato

12) Sono stati prelevati circa 0,5 ml di estratto di ciascun set e ad esso sono stati aggiunti 2,5 ml di acqua distillata, seguiti dall'aggiunta di 2 ml di reattivo di Lowry.

13) L'intera miscela è stata incubata per 10 minuti e successivamente sono stati aggiunti 0,2 ml di Reagente Folin (1:1diluito) a tutti i set e incubati per 20 minuti al buio a temperatura ambiente.

14) L'intensità del colore blu sviluppato è stata misurata con un filtro rosso in uno spettrofotometro.

15) Il contenuto di proteine totali solubili (µg per g di tessuto) è stato ottenuto dalla curva standard.

b.   STIMA DELLO ZUCCHERO TOTALE

Lo zucchero totale è stato estratto e stimato secondo il metodo di Dubois et.al. (1956).

Prodotti chimici preparati

50mM di tampone fosfato (pH 7,5)

80% di etanolo

Reagente antrone - 200 mg di polvere di antrone sono stati sciolti delicatamente in 100 ml di H_2SO_4 concentrato a 4 C°

Preparazione della curva standard:

1) 0,1ml, 0,2ml, 0,3ml, 0,4ml, 0,5ml di soluzioni standard di destrosio sono stati prelevati in una provetta e sono state preparate due repliche di ciascuna concentrazione.

2) Il volume della miscela è stato portato a 1 ml aggiungendo rispettivamente 0,9 ml, 0,8 ml, 0,7 ml, 0,6 ml, 0,5 ml di tampone fosfato.

3) Un set di bianco è stato preparato con 1 ml di tampone fosfato e 1 ml di acqua distillata.

4) Alla soluzione di cui sopra sono stati aggiunti 4 ml di reagente di Anthrone e sono stati incubati a 90° C per 15 minuti in un bagno di acqua calda.

5) Quindi le provette sono state lasciate riposare a temperatura ambiente.

6) L'assorbanza è stata rilevata a 625 nm con lo spettrofotometro rispetto alla soluzione in bianco.

7) I rispettivi valori di densità ottica (OD) sono stati registrati per ottenere una curva standard.

Preparazione della miscela di reazione

8) 1 g di tessuto fresco di piantine *di Brassica* e di *Trigonella* (7 giorni e 15 giorni) sono state estratto con 5 ml di tampone fosfato, centrifugato a 4000 rpm per 15 minuti.

9) Il sovranatante è stato prelevato e ad esso sono stati aggiunti 5 volumi di etanolo all'80% e la miscela è stata mantenuta a 4°C per un giorno.

10) La fase acquosa è stata prelevata e con essa sono stati mescolati 2 ml di aliquota e 4 ml di reagente antracico raffreddato, poi riscaldati a 90°C per 15 minuti a bagnomaria.

11) Le provette sono state poi lasciate riposare a temperatura ambiente e l'assorbanza è stata rilevata a 625 nm con uno spettrofotometro.

12) Lo zucchero presente nelle foglie è stato stimato da una curva standard preparata con destrosio.

c. **STIMA DEL DNA TOTALE**

È disponibile un facile metodo spettrofotometrico per la stima del DNA, basato sulla reazione quantitativa dello zucchero deossi con il reagente difenilammina. Il contenuto di DNA totale è stato stimato secondo il metodo di Burton (1956).

Prodotti chimici preparati

1) Soluzione standard di DNA-10 mg di DNA sono stati disciolti in 100 ml di acqua distillata (100µg/ml).

2) 1,5% DPA (Reagente Difenilammina) Miscela - 1,5 gm di DPA disciolti in 198 acido acetico glaciale e 2 ml di H2SO4 concentrato aggiunti lentamente.

Preparazione della curva standard

1) In una provetta sono stati prelevati 0,5 ml, 1 ml, 1,5 ml, 2 ml, 2,5 ml di soluzioni standard di DNA e sono state preparate due repliche di ciascuna concentrazione.

2) Il volume della miscela è stato portato a 3 ml aggiungendo rispettivamente 2,5 ml, 2 ml, 1,5 ml, 1 ml, 0,5 ml di acqua distillata.

3) Un set di bianco è stato preparato con 3 ml di acqua distillata.

4) Alla soluzione di cui sopra sono stati aggiunti 6 ml di reagente difenilammina e riscaldati per 10 minuti a bagnomaria.

5) L'assorbanza della soluzione blu a 600 nm rispetto al bianco è stata rilevata

6) I rispettivi valori di densità ottica (OD) sono stati registrati per ottenere una curva standard.

Preparazione della miscela di reazione

1) 1 g di tessuto fresco di piantine *di Brassica* e *Trigonella* (di 7 e 15 giorni) sono stati conservati per una notte a -20° C.

2) È stato quindi frantumato in un mortaio e pestello raffreddati utilizzando un tampone fosfato 0,1 M (pH 6,8). L'omogenato è stato raccolto e centrifugato a freddo a 8000 rpm per 15 minuti.

3) Il surnatante chiaro è stato raccolto.

4) 1 ml di surnatante è stato prelevato in provette da ciascun set e sono stati aggiunti 2 ml di acqua distillata e 4 ml di soluzione DPA. La miscela è stata agitata bene.

5) Sono stati prelevati circa 0,5 ml di estratto di ciascun set e ad esso sono stati aggiunti 2,5 ml di acqua distillata, seguiti dall'aggiunta di 4 ml di difenilammina.

6) L'intera miscela è stata riscaldata per 10 minuti a bagnomaria.

7) Dopo l'incubazione, l'intensità del colore blu della miscela di reazione è stata determinata misurando il valore della D.O. nello spettrofotometro a 600 nm rispetto al bianco.

8) Le quantità di DNA presenti nelle piantine sono state stimate dalla curva standard preparata con la soluzione standard di DNA.

D. STIMA DELLA CLOROFILLA TOTALE

La stima del contenuto di clorofilla totale è stata effettuata secondo il metodo di Arnon (1949).

Prodotti chimici necessari

Soluzione di acetone all'80% - 80 ml di acetone di grado analitico al 100% (precongelato) sono stati mescolati con 20 ml di acqua distillata.

Procedura

1) Sono stati pesati 5 g di germogli e foglie verdi finemente tagliati di piantine *di Brassica* e *Trigonella* (di 7 e 15 giorni).

2) Il tessuto è stato macinato fino a ottenere una poltiglia fine utilizzando mortaio e pestello con l'aggiunta di 20 ml di acetone all'80%.

3) L'omogenato è stato raccolto e centrifugato a 5000 rpm per 5 minuti.

4) Il surnatante è stato trasferito in un matraccio tarato da 50 ml.

5) Il residuo è stato nuovamente macinato con 20 ml di acetone all'80%, centrifugato e trasferito il surnatante nella stessa beuta.

6) Questo processo è stato ripetuto fino a quando il residuo è diventato incolore. Quindi il mortaio e il pestello sono stati lavati con acetone all'80% e i residui sono stati raccolti in un matraccio tarato.

7) Il volume è stato portato a 50 ml con acetone all'80%.

8) L'assorbimento della soluzione a 645 e 663 rispetto al solvente (acetone all'80% come bianco) è stato rilevato in uno spettrofotometro.

RISULTATO

A. **Stima delle proteine totali**

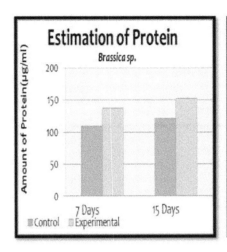
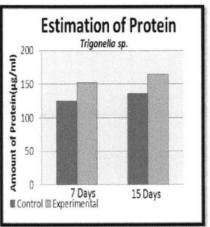

B. **Stima dello zucchero totale**

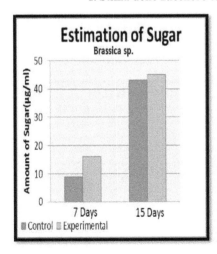
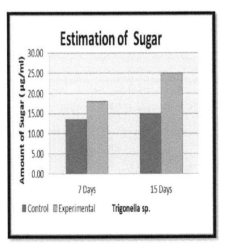

C. Stima del contenuto di DNA totale

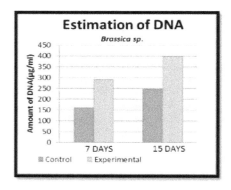
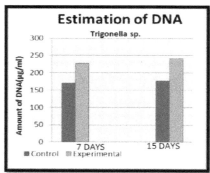

D. **Stima della clorofilla totale**

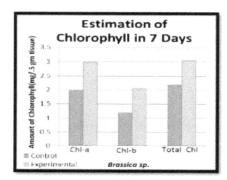
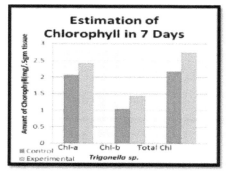
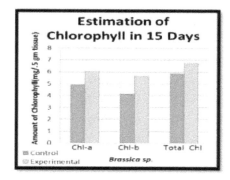
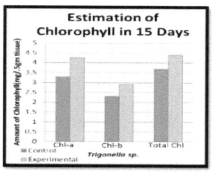

Conclusione della Parte 4

L'applicazione di biocarbone ha mostrato anche un maggiore accumulo di proteine solubili e zuccheri solubili sia nelle piantine *di Brassica* che di *Trigonella*. La concentrazione di proteine solubili, zuccheri, DNA e clorofilla è aumentata rispetto al controllo del 40%, 24,5%, 85,6% e 38,6% nelle piantine *di Brassica*. Nel caso di *Trigonella sp.* gli stessi aumenti rispetto al controllo sono rispettivamente del 24,5%, 77,7%, 33,5% e 11%.

La concentrazione di proteine solubili, zuccheri, DNA e clorofilla è aumentata rispetto al controllo dopo 15 giorni nel caso di *Brassica sp.* sono rispettivamente 25,6%, 69,2%, 61,1% e 14,6% e nel caso di *Trigonella sp.* sono rispettivamente 24,6%, 46,5%, 36,15% e 18,9%.

L'applicazione dell'1% di biochar di pannocchie di mais nel suolo ha migliorato la germinazione dei semi e ha determinato un netto aumento della crescita delle piantine in tutti gli stadi di crescita. Il meccanismo del carbone di legna nel promuovere la crescita per allungamento si basa sul fatto che il carbone di legna riduce l'emissione di N_2O dal suolo e aiuta a trattenere i nitrati e le sostanze organiche disciolte nell'acqua di drenaggio. Pertanto, il carbone di legna è potenzialmente in grado di fornire un valore aggiunto come ammendante del suolo, migliorando la resa delle piante, la bonifica degli inquinanti e una fonte di credito di carbonio. L'aggiunta di biochar al suolo ha aumentato il pH del suolo, il carbonio organico del suolo, il Ca, il K, il Mn e il P e ha diminuito l'acidità scambiabile, lo S e lo Zn. Il biochar aumenta significativamente la capacità di scambio cationico del suolo (Novak et. al., 2009). L'allungamento della crescita è associato a un aumento del peso fresco e secco. L'aumento del contenuto di sostanza secca in seguito al trattamento con carbone può essere correlato a un più alto tasso di carboidrati che porterebbe a una sostanziale produzione di sostanza secca nelle piante.

L'analisi delle proprietà biochimiche mostra anche un maggiore accumulo di zuccheri, proteine, DNA e clorofilla nelle piantine trattate con l'1% di carbone rispetto a quelle di controllo. Dallo studio si può concludere che il biochar migliora i terreni. Convertendo i rifiuti agricoli in un potente miglioratore del suolo che trattiene il carbonio e rende i terreni più fertili. Aumenta la crescita delle piante e il loro contenuto fisiochimico.

PARTE 5
STUDIO DELLE ATTIVITÀ MORFO-FISIOLOGICHE DEL BIOCHAR UTILIZZATO NEI MEDIA DI COLTURA DEI TESSUTI (CARBONE DI PANNA OTTENUTO DOPO LA PIROLISI)

Il carbone attivo svolge un ruolo molto importante nella coltura dei tessuti vegetali. Il carbone attivo ha una rete molto fine di pori con un'ampia superficie interna su cui possono essere assorbite molte sostanze. Il carbone attivo viene spesso utilizzato nella coltura di tessuti per migliorare la crescita e lo sviluppo delle cellule. Gli effetti di promozione della crescita del carbone attivo sulla morfogenesi sono dovuti al suo assorbimento irreversibile dei composti inibitori nel terreno di coltura e alla sostanziale diminuzione dei metaboliti tossici, dell'essudazione fenolica e dell'accumulo di essudati bruni.

Inoltre, il carbone attivo è coinvolto in una serie di attività stimolanti, tra cui il rilascio di sostanze naturalmente presenti nel carbone attivo che favoriscono la crescita, l'alterazione e l'oscuramento dei terreni di coltura e l'assorbimento di vitamine, ioni metallici e regolatori della crescita delle piante, tra cui ABA ed etilene gassoso. (Dumans e Monteuuis, 1995).

L'aggiunta di carbone attivo nel terreno di radicazione di germogli micropropagati da Pinus pinaster ha migliorato il potenziale di radicazione avventizia grazie alla riduzione della luce alla base del germoglio che facilita l'accumulo di auxina fotosensibile. (Dumans e Monteuuis, 1995) Secondo Johansson et.al (1977) l'effetto stimolante del carbone attivo nell'embriogenesi può essere dovuto all'assorbimento di 2, 4-D o di altre sostanze inibitrici dell'auxina.

Sulla base di questi risultati, il presente lavoro è stato intrapreso per studiare il ruolo del biochar e la sua applicazione nella coltura di tessuti e per studiare alcuni parametri morfologici e fisiochimici sulle piantine *di Brassica* e *Trigonella*.

Per studiare l'impatto del biocarbone sulle piantine di piante superiori, i semi di senape (*Brassica nigra* L. Koch) e methi (*Trigonella sp* L. Wilczek) sono stati raccolti da vivai locali e lavati accuratamente in acqua. Il terreno di coltura è stato preparato con l'1% di carbone di mais per la micropropagazione dei semi (set sperimentale). Per i set di controllo, i semi sono stati lasciati crescere in terreno di base MS senza carbone. Sono state mantenute sei repliche di ciascun set. I dati sono stati registrati dopo 3 giorni per studiare la percentuale di germinazione dei semi e a due stadi di sviluppo delle piantine di 7 e 15 giorni.

PREPARAZIONE DI TERRENI PER LA COLTURA DI TESSUTI
Il terreno di coltura Murashige e Skoog (MSO) o MS0 (MS-zero) è un terreno di coltura vegetale utilizzato nei laboratori per la coltivazione delle cellule vegetali. L'MSO è stato inventato dagli scienziati vegetali Toshio Murashige e Folke K. Skoog. . È il terreno più comunemente usato negli esperimenti di coltura di tessuti vegetali in laboratorio. Per gli esperimenti sono state preparate diverse soluzioni madre (Stock I, II, III e IV).

PREPARAZIONE DELLE SOLUZIONI MADRE
STOCK - I (SALI MACRO):
Le quantità di sali richieste sono state pesate, aggiunte successivamente sciogliendole in acqua distillata e il volume finale è stato portato a 500 ml. La scorta è stata conservata in frigorifero.

Brodo - 1 (500 ml)	Murashige & Skoog (1962)	
	Mg	G
KNO_3	1900	19
$NH_4 NO_3$	16500	16.5
$MgSO_4 ,7H O_2$	3700	3.7
$CaCl_2 ,2H O_2$	4400	4.4
$KH_2 PO_4$	1700	1.7

STOCK - II (MICROSALI):
Le quantità di sali richieste sono state pesate, aggiunte successivamente e disciolte in acqua distillata e il volume finale è stato portato a 250 ml. La scorta è stata conservata in frigorifero.

Brodo -II (250ml)	Murashige & Skoog (1962)	
	Mg	G
$MnSO_4$	1115	1.115
KI	41.5	.0415
$H_3 BO_4$	310	.31

STOCK - m (AGENTE CHELAING):

Brodo -III (250ml)	Murashige & Skoog (1962)	
	Mg	G
$FeSO_4 , 7H O_2$	1390	1.39
$Na_2 EDTA,2H O_2$	1865	1.865

STOCK - IV (NUTRIENTI):

Brodo - IV (250ml)	Murashige & Skoog (1962)	
	Mg	G
Myo-inositolo	5000	5
Acido nicotinico	25	0.025
Piridossina-HCl	25	0.025
Tiamina-HCl	25	0.025
Glicina	100	0.1

STOCK -V Saccarosio 3 g/l
STOCK -   VI Agar 10 g/l

PREPARAZIONE DEL TERRENO DI COLTURA:
Per preparare 500 ml di terreno basale, 25 ml di macrosale (Stock I), 0,5 ml di microsale (Stock II), 2,5 ml di Fe-EDTA (Stock III) e 0,5 ml di (Stock IV) sono stati raccolti in un cilindro graduato e mescolati accuratamente. Quindi è stato aggiunto il 3% di saccarosio (15 gm). Infine, è stata aggiunta acqua distillata per portare il volume finale a 500 ml. Il terreno di coltura preparato è stato diviso in due parti uguali. A una parte di 250 ml di terreno di base è stato aggiunto l'1% di carbone (2,5 gm) come nutriente aggiuntivo, mentre l'altra parte di 250 ml è stata mantenuta senza carbone, come controllo. Il pH dei terreni preparati è stato regolato tra 5,6 e 5,8 con l'aiuto di un pH-metro.

Per solidificare il terreno di coltura, 2,5 g di polvere di agar sono stati gradualmente mescolati separatamente nei due terreni di coltura da 250 ml (sia per il controllo che per il biochar) mediante un leggero riscaldamento a bagnomaria e versati in bottiglie di vetro pulite e trasparenti. Infine, tutti i flaconi (sia per il controllo che per il biochar) sono stati etichettati, coperti con un coperchio e sterilizzati in autoclave per 15 minuti a 120° C e 15 lb di pressione.

INOCULAZIONE ASETTICA DI MATERIALE VEGETALE PER L'INOCULAZIONE DI COLTURE
I semi freschi e sani di *Brassica sp.* e *Trigonella sp.* sono stati immersi in una soluzione di cloruro mercurico allo 0,1% in un becher sterile per 5 minuti e sono stati lavati accuratamente per 4-5 volte con acqua distillata sterilizzata. I semi sterili sono stati prelevati con l'aiuto di una pinza sterile e 8-10 semi sono stati posti in una bottiglia di vetro sterilizzata contenente il terreno nutritivo di base MS. L'intera procedura è stata eseguita in modo asettico nella camera a flusso d'aria +laminare. Poi le colture sono state incubate a 26° C ± 1° C e sono state conservate in rack del laboratorio di colture tissutali in condizioni indisturbate per 3 giorni.

Immagine del laboratorio di colture tissutali

RISULTATO

I dati sono stati registrati dopo 3 giorni per studiare la percentuale di germinazione dei semi e a 2 stadi di sviluppo di piantine di 7 e 15 giorni. Sono stati annotati i parametri morfologici. Per lo studio biochimico, le piantine sono state prelevate dalle bottiglie di vetro di una serie e sono state effettuate le stime.

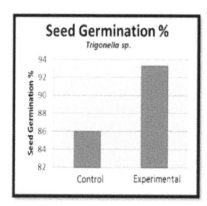
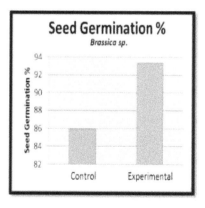

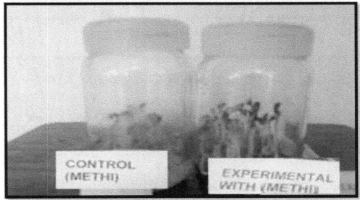

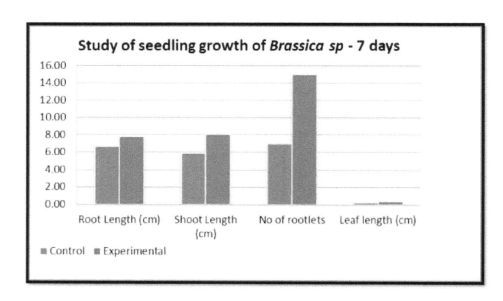

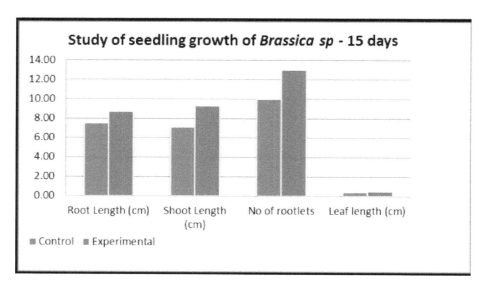

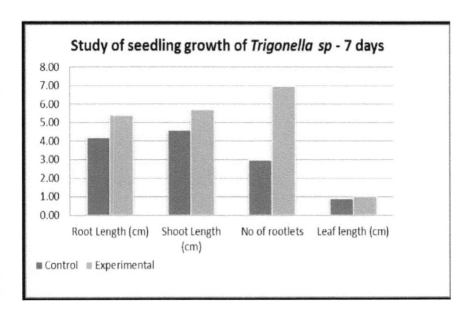

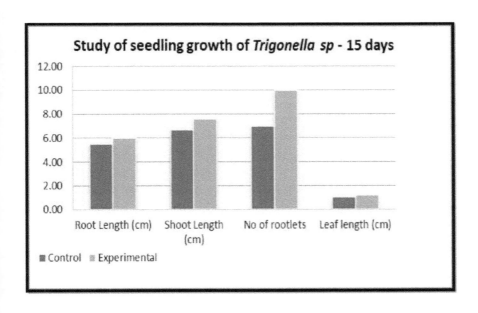

 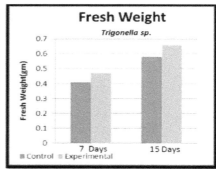

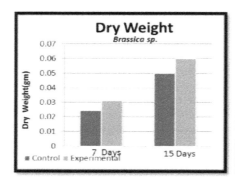 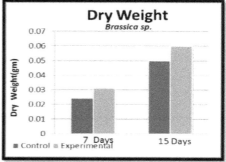

Conclusione della Parte 5

L'applicazione dell'1% di carbone di tutolo di mais nei terreni di coltura ha mostrato un notevole miglioramento della crescita delle piantine rispetto alle controparti di controllo non trattate. L'altezza delle piantine è aumentata progressivamente con l'avanzare della maturità sia nei set di controllo che in quelli trattati con bio-carbone. Dopo 15 giorni di crescita, l'applicazione dell'1% di bio-carbone ha aumentato l'altezza delle piantine di circa il 30% rispetto al controllo in *Brassica* sp. e di circa il 13,3% rispetto al controllo in *Trigonella* sp. Anche la lunghezza delle radici, la lunghezza delle foglie e il numero di radichette sono aumentati nel set trattato rispetto al set di controllo.

Oltre all'aumento dell'altezza, il bio-char ha determinato anche un aumento del peso fresco e secco di entrambe le piantine. Nella senape, dopo 15 giorni si è registrato un aumento del peso fresco del 28% rispetto al controllo e del peso secco del 29,1% rispetto al controllo. Nella *Trigonella* sp, dopo 15 giorni di crescita, si è registrato un aumento del peso fresco del 31% e del peso secco del 46,1% rispetto alle controparti di controllo.

PARTE 6
STUDIO DELLE ATTIVITÀ BIOCHIMICHE DEL BIOCHAR IN MEZZI DI COLTURA TISSUTALE (CARBONE DI PANNOCCHIE DI MAIS OTTENUTO DOPO LA PIROLISI)

A. STIMA DELLE PROTEINE TOTALI
La stima delle proteine totali solubili in tampone è stata effettuata secondo il metodo di Lowry (1951).

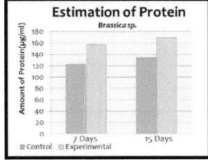
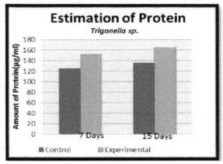

B. STIMA DELLO ZUCCHERO TOTALE
Lo zucchero totale è stato estratto e stimato secondo il metodo di Antoniw e Sprent (1978).

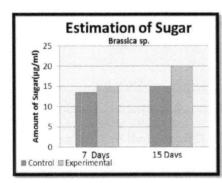
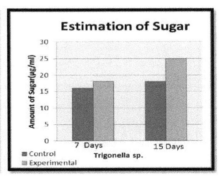

C. **STIMA DEL DNA TOTALE**
Il contenuto di DNA totale è stato stimato secondo il metodo di Burton (1956).

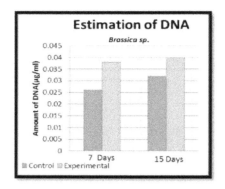
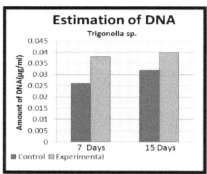

D. **STIMA DELLA CLOROFILLA TOTALE**

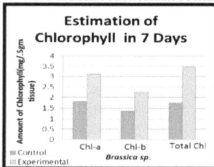
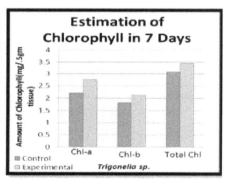
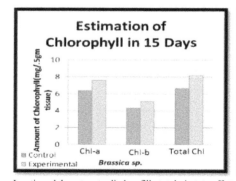
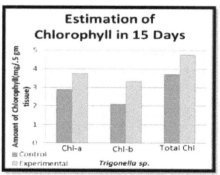

La stima del contenuto di clorofilla totale è stata effettuata secondo il metodo di Arnon (1949).
L'applicazione dell'1% di carbone di pannocchie di mais nei terreni di coltura ha mostrato un accumulo considerevolmente più elevato di zuccheri solubili, proteine e DNA rispetto alle controparti di controllo non trattate, sia nelle piantine *di Brassica* che di *Trigonella*. Il contenuto di zuccheri totali in entrambe le piantine *di Brassica* e *Trigonella* è aumentato rispettivamente del 18,51% e del 21,32% rispetto alle controparti di controllo. L'applicazione di biocarbone ha mostrato anche un maggiore accumulo di clorofilla sia nelle piantine *di Brassica*

sia in quelle di *Trigonella*.

Conclusione della Parte 6

Il biochar è segnalato come un composto molto attivo nei terreni di coltura dei tessuti. Numerose prove sono state condotte in tutto il mondo da scienziati agricoli che hanno dimostrato significativi miglioramenti nella crescita delle piante con l'aggiunta di biochar nei terreni di coltura. Un'ipotesi semplice spiega il meccanismo del carbone di legna nel promuovere la crescita attraverso l'assorbimento di pigmenti tossici marroni o neri (composti simili al fenolo) e di altri composti tossici dai terreni di coltura. Pertanto, il carbone di legna può potenzialmente fornire un valore aggiunto nei terreni di coltura dei tessuti, migliorando la crescita delle radici e riducendo i metaboliti tossici.

L'allungamento della crescita è associato a un aumento del peso fresco e secco. L'aumento del contenuto di sostanza secca in seguito al trattamento con carbone può essere correlato a un maggiore tasso di carboidrati che porterebbe a una sostanziale produzione di sostanza secca nelle piante.

L'analisi del contenuto di carboidrati in termini di zuccheri riducenti mostra un notevole aumento del contenuto di zuccheri nelle piantine trattate con carbone all'1% rispetto a quelle di controllo. Oltre all'aumento del contenuto di zuccheri, le piantine trattate con l'1% di carbone mostrano una marcata stimolazione del livello di proteine solubili totali, del DNA e della clorofilla rispetto alle loro controparti di controllo.

Dallo studio si può concludere che il biochar è un importante additivo nutritivo nei terreni di coltura MS che non solo promuove la crescita delle piantine, ma stimola anche il livello di zuccheri, proteine solubili e DNA. Anche il contenuto di clorofilla è significativamente aumentato rispetto al controllo nelle piantine trattate con biochar.

Dallo studio è emerso che l'applicazione dell'1% di biochar sia nel suolo che nel terreno MS per colture tissutali mostra una risposta nettamente positiva nella crescita delle piante rispetto al controllo sia in *Brassica sp* che in *Trigonella sp*. Si nota un miglioramento della crescita delle piantine sia nel suolo che nel terreno MS in cui viene aggiunto il biochar. Inoltre, il contenuto di zuccheri, proteine, DNA e clorofilla è aumentato nelle piantine trattate di *Brassica* e *Trigonella* rispetto alle controparti di controllo. Si può quindi concludere che il biochar può essere trattato come un buon fertilizzante organico.

DISCUSSIONI

Le crescenti preoccupazioni per il cambiamento climatico hanno portato il biochar alla ribalta. La combustione e la decomposizione della biomassa legnosa e dei residui agricoli comportano l'emissione di una grande quantità di anidride carbonica. Il biochar può immagazzinare questa CO_2 nel suolo, riducendo le emissioni di gas serra e migliorando la fertilità del suolo. Il biochar può quindi essere utilizzato come ammendante del suolo per aumentare la crescita delle piante. Grazie al minore contenuto di zolfo e azoto nei rifiuti da biomassa, il loro utilizzo energetico crea meno inquinamento ambientale e rischi per la salute rispetto alla combustione dei combustibili fossili.

La pirolisi della biomassa ha attirato molta attenzione grazie alla sua elevata efficienza e alle buone prestazioni ambientali. Inoltre, offre l'opportunità di trasformare i residui agricoli, gli scarti del legno e i rifiuti solidi urbani in energia pulita. Inoltre, il sequestro del biochar potrebbe fare una grande differenza nelle emissioni di combustibili fossili a livello mondiale e agire come un attore importante nel mercato globale del carbonio grazie alla sua tecnologia di produzione robusta, pulita e semplice.

Il carbone nero derivato dalla biomassa, il carbone di legna o il "biochar", come viene chiamato oggi, può essere usato come ammendante del suolo per migliorare la ritenzione e la disponibilità dei nutrienti e quindi aumentare la resa delle colture. Il biochar ha iniziato ad attirare l'attenzione come metodo interessante per rimuovere il carbonio atmosferico e ricostituire il carbonio nel suolo.

Si ritiene che gli indigeni dell'Amazzonia colombiana usassero il biochar per aumentare la produttività del suolo e lo producessero fondendo i rifiuti agricoli. I coloni europei lo chiamavano Terra Preta de Indio. In seguito alle osservazioni e agli esperimenti condotti da un gruppo di ricercatori nella Guyana francese, si è ipotizzato che il lombrico amazzonico Pontoscol excorethrurus fosse l'agente principale della polverizzazione fine e dell'incorporazione dei detriti di carbone nel suolo minerale. L'antico metodo di produzione del carbone di legna per uso nativo come combustibile (e accidentalmente come additivo del suolo) era il metodo della "fossa" o "trincea", che creava terra preta, o terra scura, dopo l'abbandono. Il biochar può sequestrare il carbonio nel suolo per centinaia o migliaia di anni, come il carbone. Il biochar moderno viene sviluppato utilizzando la pirolisi per riscaldare la biomassa in assenza di ossigeno. Nel suolo, il biochar si ossigena lentamente e si trasforma in humus fisicamente stabile ma chimicamente reattivo, acquisendo così interessanti proprietà chimiche come la capacità di scambio cationico e il tamponamento dell'acidificazione del suolo. Entrambe sono preziose nei terreni tropicali poveri di nutrienti e argilla.

Quando il biochar viene utilizzato come ammendante del suolo, fornisce un habitat agli organismi del suolo. Ma non viene consumato da questi ultimi in larga misura e la maggior parte del biochar applicato può rimanere nel suolo per diversi anni. Inoltre, bilancia efficacemente il bilancio carbonio-azoto nell'atmosfera. Può trattenere e rendere disponibili alle piante acqua e sostanze nutritive. Il biochar migliora anche in modo significativo l'inclinazione del suolo, la produttività e la ritenzione e disponibilità di nutrienti per le piante. È stato riscontrato che l'aggiunta di biochar al suolo accelera la mineralizzazione della materia organica del suolo esistente, probabilmente grazie all'eccesso di potassio e all'aumento del pH del biochar.

Si ritiene che il biochar abbia lunghi tempi di permanenza media nel suolo. Il tempo di permanenza del biochar nel suolo dipende dal materiale di partenza, dal grado di carbonizzazione del materiale, dal rapporto superficie/volume delle particelle e dalle condizioni del suolo in cui il biochar viene collocato. Le stime del tempo di permanenza variano da 100 a 10.000 anni, con 5.000 come stima comune.

La pirolisi è la principale tecnica di utilizzo della biomassa. Dopo la pirolisi, insieme al carbone solido o al biochar, si ottiene un catrame liquido. Il biochar è considerato un'area molto attiva della ricerca agronomica e sul suolo. Numerose prove sono state condotte in tutto il mondo da scienziati agricoli che hanno dimostrato significativi miglioramenti nella crescita delle piante in terreni modificati con biochar. Katerina Kryachko e Witold Kwpainski (1990) hanno utilizzato diversi tipi di colture energetiche e residui forestali/agricoli come materia prima. Dopo un pretrattamento, queste materie prime sono state pirolizzate, il biochar ottenuto è stato mescolato al suolo (1%) e le loro indagini si sono concentrate su come i biochar influenzano la germinazione delle piante di mais. È stato riportato un effetto positivo significativo nel primo mese di crescita delle piante, rispetto ai controlli, per i terreni modificati con biochar. Si ipotizza che ciò sia dovuto agli effetti ormonali delle sostanze chimiche (probabilmente provenienti dai vapori di bio-olio) assorbite dai biochars (Katerina e Kwpainski, 1990).

La figura mostra che l'esperimento con il biochar da *Miscanthus* ha avuto l'influenza più significativa sulla crescita delle piante quando è stato aggiunto al terreno. La crescita del mais (*Zea mays* L) dopo 21 giorni in un vaso di controllo (senza carbone) è stata di gran lunga inferiore a quella di vasi in cui il terreno è stato modificato con carbone di legno di pino, salice e *Miscanthus* rispettivamente (Katerina e Kwpainski, 1990).

In particolare, ci sono immagini e dati sulle osservazioni di come i vari biochar influenzano la germinazione delle piante di mais. È stato notato un effetto positivo significativo nel primo mese di crescita delle piante, rispetto ai controlli, per i terreni modificati con biochar. L'influenza del carbone di *Miscanthus* è particolarmente evidente. Le indagini hanno suggerito che la crescita è inizialmente stimolata dagli effetti ormonali delle sostanze chimiche adsorbite dai biochar. Tuttavia, in una fase successiva della crescita hanno osservato una chiara evidenza della colonizzazione delle radici delle piante da parte di funghi micorrizici arbuscoli (vedi sotto).

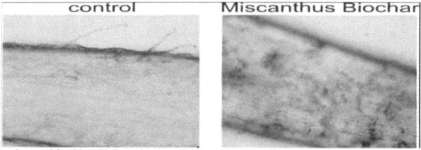

Sembra che questi funghi proliferino nel terreno di coltura del carbone, forse a causa del rifugio per loro dai pori del carbone (vedi sotto).

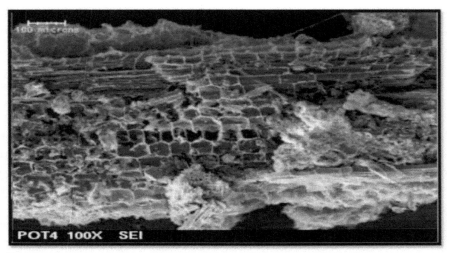

Inoltre, è stata riscontrata una chiara evidenza di batteri fissatori di azoto associati al biochar.

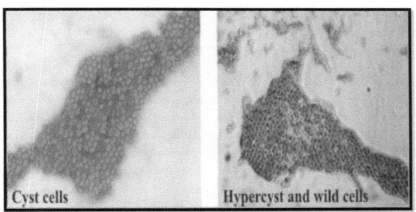

I ricercatori hanno condotto indagini approfondite sui microrganismi associati alle radici e ai catrami. Hanno visto che i terreni ammendati con biochar presentano sistemi radicali estesi e, come sottolineato, le radici sono colonizzate da microrganismi simbiotici. I batteri azotofissatori (*Azospirillum* sp.) osservati (foto sopra) sono di grande importanza per la salute del suolo e la crescita delle colture.

Il contributo del biochar alla fertilità del suolo può essere fatto risalire alle civiltà precolombiane. Gli indiani amazzonici bruciavano i loro rifiuti domestici in condizioni di aria limitata (utilizzando una copertura del suolo) per dare origine a un prodotto di biochar che ha migliorato in modo significativo la fertilità dei suoli ossisolici dell'Amazzonia tropicale. Questi terreni Terra Preta de Indio o Terra Scura Amazzonica hanno una quantità di N e P fino a tre volte superiore e un contenuto di C organico fino a sei volte superiore a quello dei terreni adiacenti nonTP. Una sessione speciale del Congresso Mondiale di Scienza del Suolo, tenutosi a Filadelfia nel 2006, si è concentrata sugli aspetti chimici dei suoli Terra Preta.

Subito dopo il Congresso è stata convocata una riunione per discutere tutti gli aspetti delle tecnologie e delle applicazioni del biochar ed è stata avviata l'Iniziativa internazionale sul biochar (IBI). L'IBI fornisce una piattaforma per lo scambio internazionale di informazioni e attività a sostegno della ricerca, dello sviluppo, della dimostrazione e della commercializzazione del biochar. Anche i membri del Carbolea Biomass Collaborative Research Group (www.carbolea.ul.ie) dell'Università di Limerick sono coinvolti in indagini sulla preparazione, la composizione, le proprietà e le influenze agronomiche del biochar.

La distribuzione al terreno del prodotto biocarbone, che contiene la maggior parte dei minerali nutritivi dei residui di mais e una quantità significativa di carbonio, può migliorare la qualità del suolo, sequestrare il carbonio e alleviare i problemi ambientali associati alla rimozione dei residui colturali dai campi (Mullen et al. 2010).

Un'attenzione particolare è stata rivolta alla spiegazione di come il biochar influisca sul movimento dell'acqua nel suolo. Rebecca Barnes, biogeochimica presso il Colorado College di Colorado Springs, e alcuni suoi colleghi hanno effettuato dei test aggiungendo biochar a diversi materiali. Nella sabbia, attraverso la quale l'acqua di solito drena molto rapidamente, il biochar ha rallentato il movimento dell'umidità in media del 92%. Nei terreni ricchi di argilla, che di solito trattengono l'acqua, il biochar ha accelerato il movimento di oltre il 300%. I ricercatori suggeriscono che il biochar altera il modo in cui l'acqua si muove attraverso lo spazio interstiziale - gli spazi tra i grani del terreno. Questo è un aspetto significativo, dice Barnes, perché anche se le argille possono contenere grandi quantità d'acqua, l'umidità fa fatica a muoversi attraverso i grani e a raggiungere le radici delle piante. Alcuni studi hanno dimostrato che le piante crescono meglio nei terreni addizionati di biochar che in quelli semplici o trattati solo con compost.

Altri ricercatori stanno studiando come i biochars possano ridurre le emissioni di protossido di azoto, un gas a effetto serra, dai campi agricoli. Xiaoyu Liu, scienziato del suolo presso l'Università Agraria di Nanjing a Cina, e i suoi colleghi hanno riferito che dopo che il biochar è stato applicato una volta ai campi di mais e di grano, le emissioni di protossido di azoto sono diminuite nel corso delle cinque stagioni colturali successive, per un periodo di tre anni. Anche altri studi hanno evidenziato riduzioni, ma i ricercatori non sono ancora riusciti a determinare le cause di questo effetto. L'applicazione di biochar "può anche migliorare alcune proprietà del suolo, come aumentare la disponibilità di potassio e il contenuto di materia organica del suolo", afferma Liu, che ha ottenuto alcuni finanziamenti dai produttori di biochar. Ma non tutti gli studi dimostrano che il biochar è un materiale meraviglioso. In alcuni casi ha ridotto la resa delle colture e uno studio suggerisce che abbassa l'attività dei geni delle piante che aiutano a difendersi dagli attacchi di insetti e patogeni.

Lehmann sostiene che ciò potrebbe dipendere da applicazioni improprie di biochar. Secondo Lehmann, in alcuni degli studi che hanno mostrato una diminuzione della resa, i terreni erano perfettamente a posto. Altri lavori suggeriscono che l'uso del tipo sbagliato di biochar può avere un impatto negativo sul microbiota del suolo o, potenzialmente, sulla sua capacità di immagazzinare carbonio. Un biochar ricavato dalla paglia di riso, ad esempio, funzionerà in modo diverso in un determinato terreno rispetto a quello ricavato dal legno o dal letame.

Nel complesso, tuttavia, gli impatti positivi del biochar sembrano superare quelli negativi. Una meta-analisi del 2011 ha rilevato un aumento medio complessivo della resa del 10%, che sale al 14% nei terreni acidi. Il potenziale maggiore del biochar potrebbe essere nei luoghi in cui i terreni sono degradati e i fertilizzanti scarseggiano, in parte perché aiuta il terreno a trattenere meglio le sostanze nutritive di cui dispone. Andrew Crane-Droesch dell'Università della California, Berkeley, ha studiato l'impatto del biochar in questi terreni degradati del Kenya occidentale. I suoi dati preliminari indicano che le aziende agricole che utilizzano il biochar hanno ottenuto in media rese del 32% superiori rispetto ai controlli.

Secondo il rapporto della Banca Mondiale, il biochar ha probabilmente il maggior potenziale per i piccoli agricoltori dei Paesi in via di sviluppo, non solo perché lavorano con i terreni che hanno maggiori probabilità di trarne beneficio, ma anche perché il biochar può essere un elemento chiave di un'agricoltura "intelligente dal punto di vista climatico", ovvero di pratiche che aiutano a mitigare i cambiamenti climatici e a ridurre la vulnerabilità ai loro effetti.

Le foto dimostrano l'effetto del biochar sulla fertilità del suolo. Sono state scattate durante la conferenza dell'International Biochar Initiative tenutasi a Terrigal, in Australia, il 2 maggio 2007.

Marco Bernasconi del DESA, in veste di misuratore umano, ispeziona un campo di mais che dimostra l'effetto del biochar sulla fertilità del suolo.

L'interesse per il biochar sta crescendo anche tra gli scienziati, che stanno rapidamente aumentando gli studi per testarne il potenziale. Sono particolarmente interessati a capire come le proprietà chimiche e fisiche delle particelle di biochar influenzino il movimento dell'acqua nel suolo, rimuovano gli inquinanti, alterino le comunità microbiche e riducano le emissioni di gas serra.

Johannes Lehmann, scienziato del suolo e delle colture presso la Cornell University di Ithaca, New York, afferma che i diversi tipi di biochar "hanno un potenziale unico per mitigare alcuni dei maggiori limiti alla produttività delle colture, ad esempio nei terreni sabbiosi e altamente esposti alle intemperie". Gli scienziati del suolo stanno ora esplorando il suo utilizzo in agricoltura e nella bonifica dell'inquinamento.

Un'attenzione particolare è stata rivolta alla spiegazione di come il biochar influisca sul movimento dell'acqua nel suolo. Rebecca Barnes, biogeochimica presso il Colorado College di Colorado Springs, e alcuni suoi colleghi hanno effettuato dei test aggiungendo biochar a diversi materiali. Nella sabbia, attraverso la quale l'acqua di solito drena molto rapidamente, il biochar ha rallentato il movimento dell'umidità in media del 92%. Nei terreni ricchi di argilla, che di solito trattengono l'acqua, il biochar ha accelerato il movimento di oltre il 300%. I ricercatori suggeriscono che il biochar altera il movimento dell'acqua attraverso lo spazio interstiziale - gli spazi tra i grani del terreno.

I ricercatori stanno anche cercando di capire come i biochar influenzino l'attività microbica nel suolo. I microbi agiscono tipicamente come una comunità; ad esempio, molti batteri patogeni attaccano le radici di una pianta solo quando sono in numero sufficiente a sopraffare la risposta immunitaria dell'ospite. Caroline Masiello, biogeochimica presso la Rice University di Houston, Texas, e i suoi collaboratori hanno scoperto che il biochar può inibire questo fenomeno legandosi alle molecole di segnalazione che le cellule batteriche secernono per coordinare la loro attività.

Altri ricercatori stanno studiando come i biochar possano ridurre le emissioni di protossido di azoto, un gas a effetto serra, dai campi agricoli. Xiaoyu Liu, scienziato del suolo presso l'Università Agraria di Nanjing in Cina, e i suoi colleghi hanno riferito che dopo aver applicato una volta il biochar ai campi di mais e di grano, le emissioni di protossido di azoto sono diminuite nel corso delle cinque stagioni successive, per un periodo di tre anni. Anche altri studi hanno evidenziato riduzioni, ma i ricercatori non sono ancora riusciti a determinare le cause di questo effetto. L'applicazione di biochar "può anche migliorare alcune proprietà del suolo, come aumentare la disponibilità di potassio e il contenuto di materia organica del suolo", afferma Liu, che ha ottenuto alcuni finanziamenti dai produttori di biochar.

Il potenziale maggiore del biochar potrebbe essere nei luoghi in cui i terreni sono degradati e i fertilizzanti scarseggiano, in parte perché aiuta il suolo a trattenere meglio i nutrienti di cui dispone. Andrew Crane-Droesch dell'Università della California, Berkeley, ha studiato l'impatto del biochar in questi terreni degradati del Kenya occidentale. I suoi dati preliminari indicano che le aziende agricole che utilizzano il biochar hanno ottenuto in media rese del 32% superiori rispetto ai controlli.

Il Dr. Bruno Glaser con la pianta trattata con biochar a destra, il trattamento NPK al centro e la pianta trattata con NPK al centro.
controllo all'estrema sinistra.

Il dottor Bruno Glaser sta lavorando a studi per verificarne l'efficacia sui terreni poveri della Germania settentrionale, presso l'Università di Bayreuth, in Germania. In un esperimento ha dimostrato che il biochar può quasi raddoppiare la crescita delle piante nei terreni poveri. "La ricerca sul biochar è iniziata nel 1947", afferma il dottor Bruno Glaser, secondo il quale "ora c'è molto entusiasmo per i risultati che il biochar può raggiungere". Le crescenti preoccupazioni per il cambiamento climatico hanno portato il biochar alla ribalta. La combustione e la decomposizione della biomassa legnosa e dei residui agricoli comportano l'emissione di una grande quantità di anidride carbonica. Il biochar può immagazzinare questa CO_2 nel suolo, riducendo le emissioni di gas serra e migliorando la fertilità del suolo. Il biochar può quindi essere utilizzato come ammendante del suolo per aumentare la crescita delle piante. Grazie al minore contenuto di zolfo e azoto nei rifiuti da biomassa, il loro utilizzo energetico crea anche meno inquinamento ambientale e rischi per la salute rispetto alla combustione di combustibili fossili. La pirolisi della biomassa ha attirato molta attenzione grazie alla sua elevata efficienza e alle buone prestazioni ambientali. Inoltre, offre l'opportunità di trasformare i residui agricoli, gli scarti del legno e i rifiuti solidi urbani in energia pulita. Inoltre, il sequestro del biochar potrebbe fare una grande differenza nelle emissioni di combustibili fossili a livello mondiale e agire come attore principale nel mercato globale del carbonio grazie alla sua produzione robusta, pulita e semplice.tecnologia.I meccanismi effettivi con cui il biochar aumenta la fertilità del suolo sono ancora in fase di studio; esistono diverse ipotesi e al momento si ritiene che probabilmente ci sia più di un meccanismo all'opera. Esistono due scuole di pensiero principali, ovvero (1) i meccanismi fisico-chimici e (2) i meccanismi di biochar.

(2) meccanismi biologicamente mediati.

Meccanismi fisico-chimici - Una proprietà chiave del biochar è la sua superficie estremamente ampia. Quando il materiale biologico viene convertito in carbone tramite pirolisi (riscaldamento in assenza di ossigeno), la sua macrostruttura fisica non viene modificata. Ciò fornisce numerosi siti a cui le molecole nutritive (come i nitrati) si legano, invece di essere eliminate. A seconda del materiale di partenza, il biochar può contenere quantità utili di nutrienti per le piante e può quindi agire come una sorta di fertilizzante a lento rilascio.

Meccanismi biologici - I bioti del suolo sono ben noti per il loro contributo alla fertilità del suolo, in particolare i funghi rizobi. In particolare, i *rizobi* sembrano svolgere un ruolo chiave nella rimineralizzazione dei fosfati che sono stati insolubilmente legati alle particelle di argilla. Esistono numerose prove dirette di funghi che colonizzano le particelle di biochar.Si ritiene che i pori del carbone forniscano un rifugio per i funghi micorrizici arbuscoli (AMF). Questi funghi formano un'associazione simbiotica con le radici delle piante, estendendo di fatto la radice e consentendo l'assorbimento10 di un maggior numero di nutrienti vegetali. In cambio, le piante forniscono l'energia organica di cui i funghi hanno bisogno.

D'altra parte, il carbone attivo ha una rete finissima di pori con un'ampia superficie interna su cui possono essere assorbite molte sostanze. Il carbone attivo viene spesso utilizzato nella coltura dei tessuti per migliorare la crescita e lo sviluppo delle cellule. Svolge un ruolo fondamentale nella micropopagazione, nella coltura di protoplasti, nella radicazione, nell'allungamento degli steli, nella formazione di bulbi, ecc. Gli effetti promozionali del carbone attivo sulla morfogenesi possono essere dovuti principalmente al suo adsorbimento irreversibile di composti inibitori nel terreno di coltura e alla sostanziale riduzione dei metaboliti tossici, dell'essudazione fenolica e dell'accumulo di essudati bruni. Inoltre, il carbone attivo è coinvolto in una serie di attività stimolatorie e inibitorie, tra cui il rilascio di sostanze naturalmente presenti nel carbone attivo che promuovono la crescita, l'alterazione e l'imbrunimento dei terreni di coltura e l'adsorbimento di vitamine, ioni metallici e regolatori della crescita delle piante, tra cui l'acido abscissico e l'etilene gassoso. L'effetto del carbone attivo sull'assorbimento dei regolatori di crescita non è ancora chiaro, ma alcuni ricercatori ritengono che possa rilasciare gradualmente alcuni prodotti adsorbiti, come nutrienti e regolatori di crescita, che diventano disponibili per le piante (Thomas, 2008).

RIFERIMENTI

Abdel-Nasser A., Hendwawy, E., 2005. *Proprietà superficiali e adsorbenti di carboni preparati da biomasse.* Applied Surface Science 252: 287-295.

Alexander, A.G. *Fisiologia della canna da zucchero: Uno studio del sistema source-to-sink di Saccharum.* Amsterdam, Elsevier Science Publishers B.V. (1973).

Alexander, A.G. *Nuove alternative per l'utilizzo della canna da zucchero.* Atti P.R. Sugar Technologists pp. 1-35 (1984).

Ana-Rita F, Drummond I, Drummond, W. *Pirolisi della bagassa di canna da zucchero in un reattore a rete metallica.* Ind. Eng. Chem. Res. 35 (4):1263-1268 (1996).

Augeron, C e Laboisse, C. L. *Emergence of Permanently Differentiated Cell Clones in a Human Colonic Cancer Line in Culture after Treatment with Sodium Butyrate* Cancer Research, 44 : 3961-3969 (1984).

Beck, Deborah A., Johnson Gwynn R. & Spolek Graig A. *Ammendare il suolo con biochar per influenzare la quantità e la qualità delle acque di ruscellamento.* Articolo di giornale, 2011.

Berglund L., DeLuca T.H., Zackrisson O. 2004. *La modifica del carbonio attivo nel suolo altera i tassi di nitrificazione nelle foreste di pino silvestre.* Soil Biology& Biochemistry 36: 2067-2073.

Berndes, G., Hoogwijk, M., Vanden B, R., *Biomass and Bioenergy*.2003.

Bridgwater, A.V., *Pirolisi rapida della biomassa.* Thermal Science 8(2): 21 - 49, 2004.

Cloro, salute umana e ambiente: *l'allarme sul cancro al seno - Un rapporto di Greenpeace,* 1993.

Dubois, M., Gilles, K.A., Hamilton, J.K., Rebers, P.A. e Smith, F. *Metodo colorimetrico per la determinazione degli zuccheri e delle sostanze correlate.* Anal.Chem.28(3): 350-356, 1956.

Fox A., Kwapinski W., Griffiths B., Schmalenberger A. *Il ruolo dei batteri mobilizzatori di zolfo e fosforo nella promozione della crescita di Lolium perenne indotta dal biochar.* Microbiologia Ecologia 90, 78-91, 2014.

Ghosh B. *Verso una bioenergia modernizzata.* Scuola di studi sull'energia, J.U. (2004).

Glaser, B., Lehmann, J e Wolfgang, Z., *Ameliorating physical and chemical properties of highly weathered soils in the tropics with charcoal - a review,* Biology and Fertility of Soils 219, 220 (2002).

Glaser B., Guggenberg G., Haumaier L., Zech W. 2001. *Persistenza della materia organica del suolo nei suoli archeologici (Terra Preta) della regione amazzonica brasiliana.* Sustainable Management of soil Organic Matter (pp. 190-194).Wallingford, UK: CAB International.

Glaser B., Lehmann J., Zech, W. 2002. *Migliorare le proprietà fisiche e chimiche dei suoli altamente degradati ai tropici con il carbone di legna - una rassegna.* Biologia e fertilità dei suoli 35: 219-230.

Grigera S., Drijber R., Wienhold B. 2007. *L'aumento dell'abbondanza di funghi micorrizici arbuscoli nel suolo coincide con la fase riproduttiva del mais.* Soil Biology & Biochemistry 39: 1404-1409.

Halimahton Mansor e Rasadahmat Ali. *Attività antifungina degli oli pirolitici del catrame proveniente dalla pirolisi del legno di caucciù (Hevea brasiliensis).* Journal of Tropical Forest Science 4(4) : 294-302 (1990).

Katerina Kryachko e Witold Kwpainski : *Produzione di biochar, analisi e prove di crescita delle piante* 1990

Kolodynska D., Wnetrzak R., Leahy J.J., Hayes M.H.B., Kwapinski W., Hubicki Z *Caratterizzazione adsorbente del biochar nella rimozione di ioni di metalli pesanti.* Chemical Engineering Journal 197, 295-305, 2012.

Kool H.J., Van Kreijl CF, Van Kranen HJ, de Greef E. *Valutazione della tossicità dei composti organici* *nell'acqua potabile nei Paesi Bassi.* Sci Total Environ. 18:135-153 (1981).

Lehmann, J., *Una manciata di carbonio,* 447 Nature 143 (2007).

Lehmann, J., da Silva J. P., Steiner, C., Nehls, T., Zech, W., e Glaser, B .,*Disponibilità di nutrienti e lisciviazione in un Anthrosol archeologico e in un Ferralsol del bacino dell'Amazzonia centrale: fertilizzanti, concimi e modifiche al carbone,* Plant & Soil 343, 355 (2003).

Lipinsky, E.S. *Combustibili da bagassa: integrazione con sistemi alimentari e materiali.* Science, 199: 644-645 (1978).

Lipinsky, E.S. e Kresovich, S. *Steli di canna da zucchero per combustibili e prodotti chimici.* Progress in Biomass Conversion, 2:89-126 (1982).

Lowry, O.H., Rosebrough, N.J., Farr, A.L., e Randall, R.J. *Stima delle proteine totali* J.Biol.Chem 193: 265 (1951)

Natarajan E, Nordin A, Rao A. N. *Biomasse e bioenergia* 14(5): 533-46(1998).

Novotny, E.H., deAzevedo, E.R., Bonagamba, T.J., Cunha,T.J.F., Madari,B.E., Benites,V.de., Hayes, M.H.B. 2007. *Studi sulla composizione degli acidi umici dei suoli amazzonici di terra scura.* Environ. Sci. Technol. 41, 400-405.

Qing Cao, Ke-Chang Xie, Wei-Ren Bao e Shu-Guang Shen. *Comportamento pirolitico delle pannocchie di mais di scarto.* Disponibile online l'11 febbraio 2004.

Salehi, E J. Abedi, J. e Harding, T.. *Bio-olio dalla segatura: pirolisi della segatura in un sistema a letto fisso.* Energy Fuels, 23 (7) : 3767-3772 (2009).

Sharma, A e Rao, T.R. *Pyrolysis Rate of Biomass Materials and Energy,* 1998.

Siddhartha Gaur, Rao, T. R., Reed , T. B., Grover, P. D. : *Cinetica della gassificazione del carbone di pannocchie di mais in anidride carbonica.*

Somogyi, M. *Stima dello zucchero totale riducente.* J Biol Chem 200-245 (1952)

Takashi H., Kawamoto, H. e Saka S,. *Reattività di gassificazione per pirolisi di catrame primario e frazioni di carbone da cellulosa e lignina studiate con un reattore ad ampolla chiusa.* Journal of Analytical and Applied Pyrolysis 83(1): 71-77 (2008).

Takashi, H., Kawamoto, H. e Saka, S., *Solid/liquid- and vapor-phase interactions between cellulose and lignin-derived pyrolysis products* Journal of Analytical and Applied Pyrolysis, 85 : 237-246 (2009).

Thomas, T. D. *Il ruolo del carbone attivo nella coltura dei tessuti vegetali.* Biotechnol. Adv. 26(6): 618 - 631.

Tsai, W. T.; Chang, C. Y.; Wang, S. Y.; Chang, C. F.; Chien, S. F.; Sun, H. F.: *Utilization of agricultural waste corn cob for the preparation of carbon adsorbent* J Environ Sci Health , 36 (5) : 677-86 (2001)

Williamson SJ. *Studi epidemiologici sul cancro e sui composti organici nelle acque potabili degli Stati Uniti.* Sci Total Environ. 18: 187-203. (1981).

Zoeteman, B. C. Hrubec, J, Greef, E. de e Kool, H. J. . *Attività mutagena associata ai sottoprodotti della disinfezione dell'acqua potabile mediante cloro, biossido di cloro, ozono e irradiazione UV.* Istituto nazionale di scienze della salute ambientale (NIEHS). 1982.

I want morebooks!

Buy your books fast and straightforward online - at one of world's fastest growing online book stores! Environmentally sound due to Print-on-Demand technologies.

Buy your books online at
www.morebooks.shop

Compra i tuoi libri rapidamente e direttamente da internet, in una delle librerie on-line cresciuta più velocemente nel mondo! Produzione che garantisce la tutela dell'ambiente grazie all'uso della tecnologia di "stampa a domanda".

Compra i tuoi libri on-line su
www.morebooks.shop

info@omniscriptum.com
www.omniscriptum.com